Dr. Despeghel · Lust auf Leistung

Lust auf Leistung

Das Trainingsbuch für den Job

Dr. Michael Despeghel

Haufe Mediengruppe
Freiburg · Berlin · München · Zürich

Bibliografische Informationen Der Deutschen Bibliothek
Die Deutsche Bibliothek verzeichnet diese Publikation in der
Deutschen Nationalbibliografie; detaillierte bibliografische Daten
sind im Internet über http://dnb.ddb.de abrufbar.

ISBN 3-448-06792-X   Bestell-Nr. 00126-0001

© 2005, Haufe Verlag GmbH & Co. KG, Niederlassung Planegg b. München
Postanschrift: Postfach, 82142 Planegg
Hausanschrift: Fraunhoferstraße 5, 82152 Planegg
Fon (0 89) 8 95 17-0, Fax (0 89) 8 95 17-2 50
E-Mail: online@haufe.de
Lektorat: Stephanie Wenzel, Sylvia Drudik
Redaktion: Stephan Kilian, Stefan Zink

Fotos: Tom Roch, 81675 München, www.tom-roch.de
Satz + Layout: AB Multimedia GmbH, 85445 Oberding
Umschlaggestaltung: ZERO Werbeagentur GmbH, 80538 München
Druck: J.P. Himmer GmbH & Co. KG, 86167 Augsburg

Zur Herstellung des Buches wurde nur alterungsbeständiges Papier verwendet.

Inhalt

Einführung

Die Anforderungen wachsen kontinuierlich in der heutigen Zeit, die wenig Sicherheiten bietet, dafür umso mehr Druck erzeugt. Sie sollen im Job erfolgreich sein, eine gute Beziehung führen, wollen fürsorgliche und liebenswerte Eltern sein, Freundschaften pflegen und nebenbei auch noch blendend aussehen. Selbstverständlich soll es Ihnen und Ihren Lieben permanent gut gehen und Sie möchten mit Begeisterung und Enthusiasmus Ihr Leben meistern. Dafür muss man fit sein, körperlich – und vor allem mental.

Leistungsstark und erfolgreich zu sein, wird keinem mit in die Wiege gelegt. Das kann auch niemand anderer für Sie erledigen. Da muss man schon selbst anpacken. Aber, nur Mut, mit dem richtigen Handwerkszeug und Know-how geht es leichter, die Arbeit wird zum Vergnügen und weit weniger ermüdend.

Problemfelder

Sie sitzen den ganzen Tag vor dem Bildschirm, bis es vor den Augen flimmert und der Rücken schmerzt. Oder Sie hasten von einem wichtigen Meeting zur nächsten Krisensitzung. Zu Hause kümmern Sie sich um das Wohlergehen Ihrer Kinder, die natürlich nicht zu kurz kommen sollen. Und wann war eigentlich der letzte ruhige Abend, an dem Sie mit Ihrem Partner nicht Alltagsprobleme gewälzt, sondern eine glückliche Zweisamkeit genossen haben?

Aber wie soll man das alles unter einen Hut bringen, wenn man in der Mühle steckt? Wo bleibt man selbst dabei? Von morgens an hat man zu funktionieren so gut es geht, dringende Telefonate müssen geführt werden, ein Termin jagt den anderen, permanentes Arbeiten unter Hochdruck. Nebenbei wird irgendetwas hinuntergeschlungen, von dem man schon im nächsten Moment nicht mehr weiß, was es eigentlich gewesen ist. Regelmäßige körperliche Bewegung und erholsame Entspannung werden auf irgendwann später verschoben, wenn endlich mal etwas mehr Luft ist. Nur geht genau diese bald aus, während das Bäuchlein stattlicher wird und die Hüften sich weit über eine weiche Weiblichkeit hinaus runden. So ist das eben, wenn man älter wird. Wirklich? Natürlich werden wir älter – daran ändern auch

die besten Anti-Aging-Rezepte der Welt nichts. Es ist auch nicht schlimm. Aber das „wie" ist entscheidend. Und das liegt allein in unserer Hand. Wollen wir uns weiterhin sträflich vernachlässigen, Raubbau an unserem Körper betreiben und resignieren? Oder entscheiden wir uns dafür, mit unseren Enkeln noch auf Bäume zu klettern.
Wie also kommt der Hamster aus dem Laufrad? Kann ein Aufziehmännchen ein freies, selbstbestimmtes Dasein führen? Woher Lebensfreude, Kraft und Energie nehmen, wenn man morgens schon völlig gerädert aufwacht, weil man die halbe Nacht mit Zähneknirschen beschäftigt war und von einem Albtraum in den nächsten gefallen ist? „Lass doch einfach mal alles hinter Dir", ist sicher das Letzte, das man dann hören möchte.

Packen Sie Ihr Leben an

Sie alleine sind für sich selbst verantwortlich. Diese Verantwortung zu übernehmen, tut anfangs vielleicht ein bisschen weh, ist anstrengend. Aber sie macht auch stark. Schon bald werden Sie spüren, dass es Sie mit Freude erfüllt, auf sich selbst Acht zu geben, sich sorgsam, freundlich und pfleglich zu behandeln. Sie können dabei nur gewinnen: Ihre Vitalität und Gesundheit wird gestärkt, Sie entwickeln wieder Spaß an Ihren Aufgaben, Sie werden leistungsfähiger – und bleiben es auch. Zusätzlich zum allgemeinen körperlichen Wohlbefinden und der zunehmenden Power, die sich durch das in den folgenden Kapiteln dargelegte, für Sie entwickelte 7-Wochen-Programm automatisch einstellen wird, verflüchtigen sich missmutige Grundstimmungen. Denn – vergessen Sie das niemals! – Ihre Seele ist die eigentliche Hauptperson. Nur eine positive, realistische Grundeinstellung kann Änderungen bewirken, lässt Änderungen zu.

Wie das Buch Ihnen hilft

Das vorliegende Trainingshandbuch „Lust auf Leistung" unterstützt Sie dabei, aktiv Ihr Leben selbst in die Hand zu nehmen, gegen Schwachstellen anzugehen und Missstände zu beseitigen – langsam, aber kontinuierlich. Denn eine dauerhafte, stabile Lebensumstellung einzuläuten, ist die wahre Leistung, die Sie während der Lektüre dieses Buch vollbringen werden. Mit Hilfe des 7-Wochen-Programms werden Sie nicht schlagartig mit einem Mammutprogramm überfordert, das

Sie dann nach zwei Wochen total ausgelaugt alleine lässt – und nichts anderes bewirkt, als dass Sie schon sehr bald in Ihren alten, gewohnten Trott zurückfallen.

Im Kapitel Fitness geht es um mehr als ein paar sportliche Übungen: Hier erfahren Sie wesentliche Zusammenhänge zwischen körperlicher Bewegung und geistiger Mobilität. Auch Ernährung macht fit im Kopf – das ist nachgewiesen. Im dritten Kapitel wird Ihnen gezeigt, wie Sie mit einem mentalen Training Ihren Geist auf Trab halten. Und weil es im Grunde darum geht, inne zu halten und sich selbst unter die Lupe zu nehmen erfahren Sie im vierten Kapitel, wie es Ihnen gelingt, sich nachhaltig und wirkungsvoll zu entspannen. Wie Sie das in Ihrem Tagesplan locker unterbringen können, wird Ihnen selbstverständlich auch verraten.

Am Ende finden Sie das komplette 7-Wochen-Programm für alle Bereiche – Bewegung, Ernährung, mentales Training, Entspannung und Zeitmanagement, komprimiert, wochenweise zusammengestellt und in ihren Bezügen erläutert. Nehmen Sie sich die Zeit! Es wird sich lohnen. Sie werden Spaß daran haben, zu entdecken, welche Ressourcen in Ihnen verborgen geschlummert und darauf gewartet haben, endlich zum Einsatz kommen zu dürfen. Heben Sie den Schatz, werden Sie Ihr eigener Goldgräber. Sie werden sehen, dass es gar nicht so schwierig ist, wie Sie vielleicht anfangs dachten. Im Gegenteil: Mit jedem Tag wird die Freude darüber wachsen, sich selbst zu fördern und zu fordern, leistungsfähiger und erfolgreicher zu werden. Warum? Weil Sie selbst – mit ein bisschen Anleitung – Ihr bester Motivationstrainer sind!

Viel Spaß und Erfolg mit diesem Buch,
Ihr

Dr. Michael Despeghel

I. Kapitel
Fitness – körperliche Voraussetzungen schaffen

Alle wissen es, aber nur wenige handeln danach: Bewegung muss sein. Nur wenn der Körper gut arbeitet, sind wir auch mental in der Lage, die vielen Anforderungen, die sich uns täglich stellen, zu bewältigen. Keine Sorge, nicht Waschbrettbauch und Wespentaille in wenigen Wochen stehen hier auf dem Programm. Es geht vielmehr darum, eine allgemeine Fitness und Vitalität zu erlangen. Denn diese beiden Begriffe sind die Zauberwörter der Zukunft: Fitness und Vitalität sind die Voraussetzung dafür, ein leistungsfähiges Leben führen zu können. Stellen Sie sich selbst vor: mit leichtem, federndem Schritt, wohl proportioniert, in einem gut sitzenden Anzug oder Kostüm. Mit diesem Erscheinungsbild machen Sie in allen Lebensbereichen – nicht nur im Beruf – eine gute Figur. Und das beeindruckt. Es heißt immer, Äußerlichkeiten seien nicht entscheidend. Weit gefehlt: Der erste Eindruck zählt. Und, Hand aufs Herz, geht es uns selbst nicht genauso, wenn wir unser Gegenüber ins Visier nehmen? Natürlich taxieren wir ebenfalls. Musternd wird wahrgenommen: Wie ist eine Person angezogen? Hat sie eine aufrechte Haltung oder geht und steht sie gebeugt mit hängenden Schultern? Ist ihre Körpersprache aktiv oder sind die Hände in den Hosentaschen vergraben oder mauerartig vor dem Körper verschränkt? Schaut sie uns freundlich oder missmutig an? Hält sie unserem Blick überhaupt stand oder sieht sie fahrig weg? Sitzt ihre Kleidung? Exakt das nehmen wir unbewusst in den ersten Sekunden eines Treffens wahr und „beurteilen" jemanden danach. Klar, welcher Typus besser abschneidet.

Und das alles hat etwas mit Bewegung zu tun, denn: Ein körperlich vitaler Mensch hat eine dynamischere Ausstrahlung, hat eben die bessere Körperhaltung, geht beschwingter – und ist auch mental besser drauf. Fitness verhilft nicht nur zu Muskeln, einer guten Figur und allgemeiner Vitalität. Körperliche Fitness macht Sie auch im Kopf leistungsfähiger, was Sie wiederum nach außen hin ausstrahlen. Eine gewagte These? Ganz sicher nicht, wie mittlerweile in zahlreichen Langzeitstudien ermittelt wurde.

Tipp: Bedenken Sie: Mens sana in corpore sano – ein gesunder Verstand (kann es nur) in einem gesunden Körper (geben).
Juvenal, römischer Dichter, Satiren X 356

So simpel es klingen mag, aber Körper und Geist sind eben doch eine Einheit. Eine Tatsache, die zwar jeder weiß, die aber in unserer heutigen Gesellschaft selten oder gleich gar nicht beachtet wird. Verursacher dieser Trennung ist unser Hauptfeind Nr. 1: der Stress. Diesen wollen wir genauer unter die Lupe nehmen und erklären, warum Sie mit Bewegung gerade ihm in die Parade fahren können.

Stress – Ursache vielen Übels

Stress gilt als Verursacher zahlreicher Erkrankungen: körperliche Beschwerden wie Verspannungen oder Rückenschmerzen, ernstzunehmende Störungen des Herz-Kreislauf-Systems, erhöhter Blutdruck und Herzinsuffizienz. Das ist nicht auf die leichte Schulter zu nehmen, denn ein Teil der Beschwerden wächst sich zu handfesten Krankheiten aus – mitunter mit tödlichem Ausgang.

39 Prozent aller Erwachsenen in Deutschland klagen über dauerhaften psychischen Stress im Berufs- und Alltagsleben – Tendenz steigend! Berufliche Sorgen werden mit nach Hause genommen. Dort kommen private Schwierigkeiten dazu. Familie und Freundeskreis fordern ihren zeitlichen und energetischen Tribut. Selbst Freizeitaktivitäten werden mittlerweile zum Stressfaktor.

Je nach Typus werden Probleme, Sorgen und Nöte wieder und wieder im Kopf durchgegangen, man schaltet einfach nicht ab und verhindert so eine effiziente Entspannung. Diese Anspannung führt zu weiteren Belastungen wie Konzentrationsschwäche, allgemeiner Ermattung oder Unausgeglichenheiten, die oftmals zu Streitereien mit dem Partner führen. Stress in der Arbeit, Stress zu Hause! Irgendwann schleichen sich dann leise aber sicher Erkrankungen ein: Heute wird jeder zehnte Fehltag in der Arbeit auf durch Stress bedingte Beschwerden zurückgeführt. Auch hier ist die Tendenz steigend!

Wie Stress entsteht

Wie kommt es zu Stress? Wo in unserem Körper findet er statt? Professor Henning Allmer, Leiter des Psychologischen Instituts der Sporthochschule Köln erklärt: „Stress entsteht im Kopf!". Wir setzen uns Anforderungen, denen wir aus allen möglichen Ursachen heraus nicht gewachsen sind: Entweder wir überfordern uns oder die äußeren Umständen lassen die Verwirklichung der geplanten Aktion gar nicht erst zu. Wir schätzen dann möglicherweise die Situation einfach falsch ein. Oder aber wir haben auch mal Pech – eine Unternehmung klappt nicht, aus Gründen, die nicht in unserer Hand liegen. Wie auch immer die Anspruchshaltungen sind, Stress entsteht erst dann, wenn man im Falle des Scheiterns mit einer negativen Konsequenz rechnet: Die Kritik des Vorgesetzten – also mangelnde bis fehlende Anerkennung –, die „Schande" vor den Kollegen, nicht bestanden zu haben, oder die Unzufriedenheit mit sich selbst, weil man nicht als „Winner", sondern als „Looser", als „Versager" dasteht.

Das hat Folgen: Die Angst vor diesem Scheitern blockiert die normale Denkleistung, vor allem das logische Denkvermögen. Und wenn man nicht mehr rational denken und reflektieren kann, dann schätzt man Situationen erst recht falsch ein – der Misserfolg ist vorprogrammiert! Die Denkblockade führt schließlich zu einer Unfähigkeit, sein Arbeitspensum zu erledigen. Damit setzt eine Spirale ein, deren Abwärtsbewegung oftmals nur durch Hilfe von außen unterbrochen werden kann. Je weniger rational, sinnvoll und effizient man seine Arbeit erledigen kann, desto weniger erfolgreich ist man – natürlich. Da man das aber auch selbst erkennt, setzt man sich neuem Druck aus, der wieder Angst gebiert und Frust auslöst – eben Stress.

Tipp: Stresssymptome werden häufig nicht weiter beachtet. Zumeist erhalten sie erst dann die gebührende Aufmerksamkeit, wenn ernst zu nehmende körperliche Beschwerden aufgetreten sind.

Die Seele spielt nicht mit

Die Spirale dreht sich noch weiter. Man spürt das Ungleichgewicht zwischen dem Einsatz, den man erbringt und dem Gewinn, also der Bestätigung, die dabei herauskommt. Da wir Menschen aber Erfolgserlebnisse brauchen und die daraus resultierende Anerkennung von unseren Mitmenschen benötigen, kommen von der psychischen Seite

Dämpfer dazu: die fortwährende Unzufriedenheit mit sich und mit der Situation, das Gefühl, das alles nicht zu schaffen, der Eindruck, permanent Energien zu investieren, aber keinen hinreichenden Gegenwert zurückzubekommen. Dieses Missverhältnis möchte man so schnell wie möglich radikal ändern – und schon wieder wird Stress erzeugt.

Den Anspruch relativieren

Es wird immer mehr von uns verlangt. Den 37,5-Stunden-Job, bei dem man am frühen Abend einfach den Griffel fallen lassen kann, kennen die wenigsten. Aber nicht nur zeitlich, sondern auch energetisch wird mehr von uns eingefordert: Wenn wir am Schreibtisch sitzen, muss dabei auch effizient etwas herauskommen. Neue Ideen müssen geboren, Konstruktionen entwickelt, Strategien ausgearbeitet, Einzelteile zusammengefügt werden. Das alles fordert unseren Kopf. Das heißt, diesen muss man bestmöglich versorgen, damit er auch tagtäglich die erwartete Leistung erbringen kann.

Aber das ist noch nicht alles. Zu Hause möchte Frau oder Freundin einen „ganzen Mann", der Filius wartet schon sehnsüchtig darauf, mit dem Papa eine Runde zu kicken, und die Tochter beansprucht ebenfalls die väterliche Aufmerksamkeit. Alles völlig zu Recht. Unsere Freundschaften wollen wir natürlich auch noch pflegen und gelegentlich ein bisschen Zeit für uns selbst haben, sei es, um Hobbys und anderen Freizeitaktivitäten nachzugehen, sei es, um einfach mal nichts zu tun.

Auf die Frauen wartet zumeist noch der Haushalt sowie die Fürsorge für die Familie. Damit einhergeht oft das schlechte Gewissen, sich nicht genügend um die Kinder zu kümmern. Manche betreuen auch noch Eltern oder Schwiegereltern. Und selbstverständlich möchte man für den Partner attraktiv und begehrenswert sein.

Aber irgendwann geht dabei selbst dem best organisierten Mann, der alles planenden Frau die Luft aus – und das im wahrsten Sinne des Wortes.

Burn-out

Eigentlich bedeutet der Begriff *Burn-out* „ausbrennen", „Brennschluss" oder „das Durchbrennen von Brennstoffelementen bei Überhitzung". Wie auch immer man es für sich definieren möchte, ein Mensch, der unter einem Burn-out-Syndrom leidet, hat einen Energieverschleiß – physischer und psychischer Natur –, den er nicht mehr aus sich heraus aufladen kann. Änderungen in der Lebensführung sind zwingend notwendig.

Die klassischen Symptome eines Burn-out-Syndroms sind:

- Erschöpfung und chronische Müdigkeit
- Reizbarkeit und schnelle Erregbarkeit
- Zynismus und generelle Abwertungstendenzen
- Diffuse körperliche Beschwerden (ohne Diagnose)
- Schlafstörungen
- Fehlende Lebensfreude
- Emotionale Überreaktion – Schuldzuweisungen
- Fehlende Motivation
- Statt Begeisterung „Dienst nach Vorschrift"
- Überdimensioniertes Misstrauen
- Plan- und Ziellosigkeit
- Mangelnde Fähigkeit, differenzieren zu können
- Humorlosigkeit

Viele Männer und Frauen hatten in ihrem Leben schon die eine oder andere schwierige Situation über einen gewissen Zeitraum zu meistern. Oftmals lassen Druck und Anspannung im Anschluss wieder nach, gerade in jüngeren Jahren. Auch ein Urlaub oder ein verlängertes Wochenende kann Abhilfe schaffen.

Wenn die Symptome aber gar nicht weichen wollen und zusätzlich körperliche Beschwerden auftreten, ist es allerhöchste Zeit, sein Leben in die Hand zu nehmen und einiges umzukrempeln. Dazu gehört unter anderem auch Bewegung, die uns körperlich und geistig fit macht.

Was Bewegung alles bewirkt

Regelmäßige Bewegung formt unseren Körper. Wie gesagt, wir reden nicht von Modelfiguren oder in Fitnesscentern gestählten Athletenbodies. Hier geht es um einen wohl proportionierten Körper mit straffen Muskeln und einem flachen Bauch. Und es geht darum, dass man mit sich zufrieden ist und sich in seiner Haut wohl fühlt. So wie viele Frauen gerne wie Heidi Klum aussehen möchten, orientieren sich heute immer mehr Männer an Stars. Das schwedische Topmodel Markus Schenkenberg oder der amerikanische Schauspieler Brad Pitt verkörpern männliche Schönheitsideale, denen nachgeeifert wird. Aber – mit einen ehrlichen Blick in den Spiegel –, welche Frau ist schon eine Laufsteg-Beauty und welcher Mann gleicht den erwähnten Vorbildern? Und – das ist die Kardinalfrage – ist das auch wirklich notwendig?

Es muss nicht gleich das Extrem sein. Tatsache ist jedoch, dass sportlich aktive Männer und Frauen allgemein „besser drauf" sind. Sie sind insgesamt gesünder, sind mit sich zufrieden und haben nach eigenen Aussagen ein gutes Sexualleben.

Tipp: Unisono vertreten mittlerweile Ärzte, die sich im Präventivbereich engagieren, dass regelmäßige Bewegung das A und O unserer Gesundheit darstellt.

Bewegung und Leistung

„Bewegungsmangel ist nicht nur ein gesundheitlicher Risikofaktor, sondern in der Berufswelt zunehmend auch ein Aufstiegshindernis auf der Karriereleiter", so Prof. Dr. Volker Rittner von der Sporthochschule Köln.

Dass körperlich vitale Menschen leistungsfähiger sind, ist mittlerweile anhand zahlreicher Langzeitstudien belegt. Sie sind sozial aktiver und damit aufgeschlossener, engagierter und interessierter – Grundbausteine für den Erfolg. Auch ihr Durchhaltevermögen ist beachtlich: So kann ein in Kopf und Körper durchtrainierter Mensch locker sechs Stunden am Stück hoch konzentriert seine Arbeit verrichten. Untrainierten schaffen gerade mal bis zu zwei Stunden, oft mit einer Vielzahl an Unterbrechungen.

Kein Wunder also, dass beim Vorreiter USA 70 Prozent der Großunternehmen ihren Mitarbeitern Fitness- und Wellness-Programme anbieten. Denn diese Investition lohnt sich allemal, wie eine Studie der Pepsi-Cola-Werke bewies. Weitaus weniger Mitarbeiter, die diese Fitnessangebote wahrnahmen, wurden krank – mehr noch, sie wurden sogar leistungsfähiger. Was aber passiert genau im Körper, was im Kopf?

Bewegung im Gehirn

Unser Gehirn ist die Schaltstelle und Kommandozentrale in unserem Körper. Hier werden die wichtigen hormonellen Aktivitäten in Gang gesetzt, genauso wie die *komplette und komplexe* Versorgung sämtlicher Organe, Muskeln, Knochen, des Gewebes und gesamten Stoffwechsels koordiniert wird. So ist es umgekehrt auch nur allzu verständlich, dass sämtliche körperliche Urfunktionen darauf ausgerichtet sind, die Gehirnversorgung am Laufen zu halten – auch und gerade in Notzeiten. Was unser Gehirn negativ belastet, sind lang anhaltende Stress-Situationen, die einhergehen mit mangelhafter Versorgung an wichtigen Energiebausteinen (siehe Kapitel II, Ernährung, Seite 144). Nun kann man schlecht den beruflichen Stress von einer Minute zur anderen abstellen. Aber es gibt Wege, Entspannung zu erlernen (siehe Seite 98) und Frischluft durch den Kopf wehen zu lassen. Ein Mittel hierfür ist die körperliche Fitness, wie Sie im Verlauf des Kapitels erfahren werden. Aber erst einmal soll hier erläutert werden, was Stress im Gehirn anrichtet – und wie Kopf und Körper darauf reagieren.

Notprogramm – allgemeiner Stress

Bei Stress – beruflich oder privat – reagieren sofort unter anderem die beiden Stresshormone Adrenalin und Cortisol. Was für den Steinzeitmenschen überlebensnotwenig war, nämlich mittels der Stresshormone in augenblickliche Alarmbereitschaft versetzt zu werden, und dann entsprechend mit Flucht oder Angriff zu reagieren, haben wir heute in dieser Form zumeist nicht mehr nötig. Dennoch werden diese Hormone bei Stress freigesetzt. Beim Steinzeitmenschen bauten sie sich nach erfolgreicher Flucht, Verteidigung oder Angriff wieder ab. Bei uns hingegen, die wir unsere Probleme sozusagen mit ins Bett nehmen, hält sich dieser Spiegel zu einem großen Teil, bzw. die Hormone werden permanent nachgebildet und ausgeschüttet. Das hat verheerende Folgen. Denn auch hier muss man seinen Körper als ein in sich geschlossenes System verstehen: Sein Ziel ist, die überlebenswichtigen Funktionen bestmöglich zu erhalten und zu versorgen.

Dazu ein kurzer Einblick wie Hormone funktionieren und was sie, sollten sie eben nicht durch Entspannung abgebaut werden, verursachen können.

Tipp: Bedenken Sie immer: Ihr Körper reagiert mit all' seinen hoch komplizierten und hoch komplexen Mechanismen nach einer Art Notfall-Programm des reinen Überlebenskampfes. Differenzierte Betrachtungen kennt er diesbezüglich nicht.

Hormone – Helfer und Verhinderer

Jeder Mensch, der sich für seinen Körper interessiert, kommt unweigerlich auf das Thema Hormone. Die Anti-Aging-Medizin hat sie besonders populär gemacht, da man sich von Hormontherapien regelrechte Wunder erhoffte. Die natürlich nicht eintrafen, denn den Alterungsprozess kann nichts und niemand aufhalten. Aber – und das ist die gute Nachricht – man hat eine Menge Einfluss auf die Form, wie man altert. Und man hat Einfluss auf die Hormonförderung im Körper.

Allgemein werden Hormone in den Nervenzellen im Gehirn gebildet, aber auch von Gewebezellen und Drüsen. Sie haben eine bestimmte Botenfunktion und werden nach Beendigung ihrer Aufgabe in der Leber inaktiviert und zerlegt. „Verrückt spielende Hormone", die man Jugendlichen so gerne attestiert, gibt es aber leider auch beim erwachsenen Menschen – und da beileibe nicht nur bei der Frau mit ihrem monatlichen Zyklus. Hormone können unter anderem Diabetes I, Depressionen und sogar Krebs auslösen. Daher ist es wichtig, ein hormonelles Gleichgewicht zu halten. Dabei hilft Bewegung!

Aber nun ein Blick auf die Hormone, die besonders bei Stress aktiviert werden, und bei längerfristiger Ausschüttung für Unheil im Körper sorgen.

Adrenalin

Adrenalin gilt als das Stresshormon schlechthin, da es den Menschen in Gefahrensituationen innerhalb von Sekundenbruchteilen dazu befähigt, automatisch zu handeln: sei es wegzurennen, bei Unfallsituationen das Steuer herumzureißen oder Ähnliches. Die Ausschüttung ist in diesem Moment auf einem Maximum und wird danach langsam wieder zurückgefahren. Den Abbau merken wir zum Beispiel an den zitternden Knien oder Händen.

Befindet sich aber dauerhaft ein gewisser Anteil Adrenalin im Blut – wie es eben beim klassischen beruflichen oder alltäglichen Stress der Fall ist – reagiert der Körper wie bei besagter Gefahrensituation. Er führt dem Gehirn eine große Menge an Glukose (Zucker, sie Kapitel II, Seite 60 ff) zu, um dessen Leistungsfähigkeit zu sichern. Das bedeutet konkret, der Blutzuckerspiegel schnellt in die Höhe, um den anstehenden Zuckertransport zu erledigen. Da aber, wie bereits gesagt, der beste verwertbare Zucker in den Muskeln und Knochen liegt, wird auf ihn zurückgegriffen. Immerhin geht es – aus Sicht des Körpers – ums nackte Überleben! Damit der Zucker sicher an seinen Bestimmungsort gelangt und dort offene Türen vorfindet, muss Insulin produziert werden, das Hormon, das sozusagen den Zuckertransport gewährleistet und als Türöffner bei den Zellen dient. Das Problem ist nur: Gehirn und Muskeln benötigen gar keinen Zucker, sie müssen nicht auf Reserven zurückgreifen, da keine tatsächliche Gefahr besteht. Zucker und Insulin stehen damit vor verschlossenen Zelltüren. Neben einem schnellen Pulsschlag und gesteigerten Blutdruck haben wir also zusätzlich einen über einen langen Zeitraum erhöhten Blutzuckerspiegel.

Cortisol

Das körpereigene Stresshormon wird wie Adrenalin auch in den Nebennierenrinden hergestellt. Sobald der Körper registriert, dass eine atypische Situation eintritt – beispielsweise im Zusammenhang mit einer Reduktionsdiät oder durch beständigen Termindruck (Stress) – schlägt er Alarm: Die allgemeine Versorgung könnte nicht mehr gewährleistet sein! Deshalb schüttet er Cortisol aus, das den Blutzuckerspiegel in die Höhe treibt. Logisch aus der Sicht des Körpers: Er will, dass alle Funktionen – und hier das Gehirn voran – versorgt sind. Bei dem durch den erhöhten Cortisolgehalt ebenfalls erhöhten Blutzuckerspiegel werden aber nicht nur Hungergefühle auf Süßes ausgelöst, sondern sofort Zuckerreserven aus den Muskeln und aus den Knochen abgebaut und in Richtung Gehirn abtransportiert. Neben einer Verringerung der Muskelmasse werden auch die Knochen angegriffen und es tritt eine reale Osteoporosegefahr (Knochenschwund) ein. Selbst die Psyche wird in Mitleidenschaft gezogen: Wir sind nicht mehr belastbar, fahren wegen Kleinigkeiten aus der Haut und unterliegen Stimmungsschwankungen. Die gefährliche Spirale ist: Ein Zuviel an Cortisol kann bei Fettleibigkeit, schweren Entzündungen, aber auch Depressionen und Alkoholismus ausgeschüttet werden.

Tipp: Cortisol spielt einen maßgeblichen Einfluss bei der Einlagerung von Bauchfett: Was früher eine überlebenswichtige Reserve darstellte, ist heute der Verursacher zahlreicher Erkrankungen.

Insulin

Dieses Hormon sorgte in den letzten Jahren für Schlagzeilen. Im Zusammenhang mit dem gefährlichen Diabetes II, dem so genannten „Alterszucker", aber auch mit Übergewicht und Heißhungerattacken geriet es regelrecht in Verruf. Zu Unrecht: Ohne Insulin würden in Zucker umgewandelte Kohlenhydrate nicht an ihr Ziel gelangen, sämtliche Zellen wären nicht versorgt. Insulin packt sozusagen den Zucker und bringt ihn zu seinem Bestimmungsort. Das können Muskelzellen sein, aber auch Skelettzellen, Organzellen oder das Gehirn. Da so eine Zelle aber mit einer schützenden Zellschicht, der Membrane versehen ist, die feindliche Zellen (wie zum Beispiel die Freien Radikale) abhalten sollen, bedarf es eines Türanklopfers. Genau das ist die weitere Funktion des Insulin: Es verhilft dem lebensnotwendigen Zucker und den Fettsäuren in die Zelle zu gelangen. Ist diese gesättigt, verschließt sie sich, lässt also keinen Energieträger mehr herein. Sind alle Zellen versorgt und ist dennoch ein Überschuss an Insulin mit Zucker und Fettsäuren unterwegs (konkret heißt das, man hat mehr gegessen, als man benötigt), bleibt der Blutzuckerspiegel auf einem konstant hohen Niveau. Und das ist das Gefährliche: Natürlich versucht das Insulin Zucker und Fette unterzubringen und klopft, bildlich gesprochen, dauernd an den Zellen an. Diese werden im Laufe der Jahre unempfindlich gegenüber Insulin. Die Folge ist, das Insulin verbleibt mitsamt dem Zucker und den Fettsäuren im Blut, lagert sich an den Blutbahnen ab und bildet die gefährliche Plaque. Die Zelle aber, inzwischen insulinresistent, kommt in einen Zustand der Unterversorgung. Sie lässt nun gar nichts mehr hinein, weder Insulin noch den damit transportierten Zucker und die Fettsäuren. Dem Gehirn wird nun eine Unterversorgung der Zellen gemeldet. *Gemäß der Funktion* befiehlt dieses nun weiter Insulin auszuschütten. Und der Diabetes ist Tür und Tor geöffnet: Der Blutzuckerspiegel bleibt konstant hoch, die Zellen unterversorgt, was im schlimmsten Fall zu deren Absterben führt.

Hormonelles Ungleichgewicht

Adrenalin, Cortisol und Insulin sind die hauptsächlichen Übeltäter, wenn es um Stress geht. Hier soll nur der Ordnung halber gesagt werden, dass auch der Testosteronhaushalt beim Mann und die Östrogenproduktion bei der Frau von Stress in Mitleidenschaft gezogen werden. Männer bilden dann zu wenig Testosteron, aber zu viel Östrogen. Gleiches gilt für Frauen. Östrogene aber haben eine (fatale) „Erhaltungsfunktion" – sie unterstützen die Fetteinlagerung, um in möglichen Gefahrenzeiten (und das ist für den Körper eine Stresszeit) Reserven zu haben.

Bewegung fürs Gehirn

Sie werden sich nun fragen, was das mit Fitness zu tun hat. Eine ganze Menge. Natürlich werden Stress und Alltagsbelastungen nicht weniger, wenn man sich sportlich betätigt. (Mehr dazu ab Seite 98.) Aber es hilft beim Umgang damit. Gemeint ist hier eine moderate Bewegung – wir sprechen nicht von dem „Freizeitstress", für den gerade Männer sehr empfänglich sind. Denn auch beim Joggen, Fahrradfahren, Bergwandern etc. vollbringen viele Höchstleistungen – so wie sie es aus der Arbeit gewohnt sind.

Autogenes Training, Yoga und Meditation sind fraglos bekannte wirksame Entspannungsinstrumente. Sie haben bloß drei Nachteile. Erstens fördern sie nicht die Ausdauerbefähigung der Muskeln. Dann werden sie zumeist in stickigen Räumen praktiziert (in denen sich die meisten von uns sowieso schon den ganzen Tag aufhalten). Und sie werden allgemein eher als Betätigungsfeld für die Damenwelt gesehen. Es soll im Folgenden der Themenkreis Eigenmotivation durch körperliche Fitness behandelt werden, zum Thema Entspannung lesen Sie bitte Kapitel IV, Seite 144.

Tatsachen, die bewegen sollten!
65 Prozent der Männer und knapp über 55 Prozent der Frauen in Deutschland haben Übergewicht, das heißt, dass sie einen BMI (Body Mass Index, siehe Kapitel II, Seite 55) um 28 haben.
Weitaus erschreckender aber ist die Tatsache, dass sich der moderne Mensch gerade mal durchschnittlich 12 Minuten am Tag bewegt. Das ist gleichbedeutend mit 500 Meter zu Fuß pro Tag. Trotz aller Aufklärung bewegt sich nur jeder 10. Erwachsene in Deutschland regelmäßig.

Muskeltraining für ein mobiles Gehirn

Mit Hilfe von trainierten Muskeln können wir uns nicht nur besser bewegen, wir können auch besser denken. Und das funktioniert so: Die Skelettmuskulatur ist neben der Leber ein wichtiges Stoffwechselinstrumentarium in unserem Körper. Hier werden Zellen um-, ab- und aufgebaut, feindliche Zellen (die so genannten Freien Radikale) abgewehrt und generell wird für die allgemeine körperliche Leistungsfähigkeit gesorgt. Aber trainierte Muskeln beeinflussen auch das Gehirn. Denn bei einer muskulären Tätigkeit wird eine Vielzahl von Impulsen an das Gehirn gesendet. Dort leiten sie eine Menge chemischer Prozesse in die Wege, alles im Hinblick darauf, den komplizierten muskulären Vorgang vollbringen zu können. Diese chemischen Prozesse haben – wie mittlerweile bekannt ist – Einfluss auf die Psyche und sogar auf die Denkkapazität. Mittlerweile unterstützen beispielsweise Bewegungsprogramme die Therapie von Depressionskranken.
Baut sich die Muskulatur im Laufe des Lebens ab – sei es altersbedingt, aufgrund eines Unfalls oder wegen anhaltendem Bewegungsmangel – dann verringern sich auch diese Impulse im Gehirn. Je länger dieser Zustand anhält, desto langsamer funktioniert der gesamte Hirnstoffwechsel. Es entstehen Rückbildungserscheinungen, die mit einem Abbau der Hirnsubstanz einhergehen. Besteht hingegen ein ständiger Signalaustausch zwischen Muskeln und Gehirn, wird das als eine Art Gehirntraining angesehen. Denn neben der reinen Kraftleistung werden noch weitere Bewegungsinhalte angesprochen: Koordination, Beweglichkeit, Balancegefühl oder Schnelligkeit. Ähnliche Resultate erbringen übrigens auch Konzentrationsübungen, aber in einem anderen Bereich des Gehirns. Und natürlich spielen auch hier Hormone eine entscheidende Rolle, sind sie es doch, die gewisse Schaltvorgänge im Gehirn erst ermöglichen. So ist es beispielsweise erwiesen, dass der Glücksbotenstoff Sero-

tonin speziell bei Depressionserkrankten nicht in ausreichendem Maße im Gehirn vorhanden ist. Die Bildung dieses Hormons kann unter anderem durch sportliche Betätigung, besonders an der frischen Luft, gefördert werden.

> **Tipp:** Bitte keine Verwechslung: Die populärwissenschaftlich genannten „Glücksbotenstoffe, wie z.B. Serotonin, können bei einem gesunden Menschen durch frische Luft plus Bewegung gefördert werden. Bei Depressionserkrankten kann, muss das aber nicht sein. Hier hilft in keinem Fall eine Selbsttherapie.

Endorphin

Ein Hormon, das bereits durch ein herzliches Lachen im Körper entsteht. Das als Glückshormon bekannte Endorphin ist eigentlich ein Morphin, also ein schmerzlinderndes Hormon, das als Schutzeinrichtung vom Körper gedacht ist. Widerfährt uns ein großer körperlicher Schmerz, werden sofort Endorphine bereitgestellt, um diesen zu unterdrücken und uns aktionsfähig bleiben zu lassen. Zum Beispiel beim Geburtsvorgang werden Endorphine ausgeschüttet. Das Hormon wird erst nach einer Weile abgebaut und wir verspüren den Schmerz.
Endorphine sorgen auch für Entspannung – und sind daher willkommene Boten. Bereits eine Dosis Licht, positive Erlebnisse, Lachen oder Bewegung an der frischen Luft fördern die Produktion dieses Hormons. Ganz leicht zu beobachten, wenn sich nach langen Wintermonaten Menschen im Park in den ersten Sonnenstrahlen des Frühlings *wohlig ergehen*. Aber es kommt noch besser: Endorphine steuern auch das Hungergefühl und sind regelrechte Appetitzügler!

Serotonin

Das ebenfalls als Glückshormon gepriesene Serotonin wird in der Gehirnregion gebildet und agiert dort bei der Übertragung der Informationen von Nervenzelle zu Nervenzelle. Es ist also wichtig, damit Denkprozesse stattfinden können. Dabei gilt es den so genannten synaptischen Spalt – das ist der Sprung zwischen den Nervenzellen – zu überwinden und die Information „zellengerecht" weiterzugeben, was mit Hilfe von Serotonin geschieht. Außerdem reguliert es den Schlaf, den Sexualtrieb, die körpereigene Temperatur, den Gemütszustand des Menschen, aber auch seinen Appetit sowie die Bewegung der Magen-Darm-Muskulatur.

Dieses Wunderhormon wird mit Hilfe von Eiweiß gebildet, vornehmlich aus Früchten, Gemüse und Fisch oder in Kombinationen mit Milchprodukten und Fleisch. Allerdings kann man über die Ernährung den Serotoninspiegel nur für den Darmbereich beeinflussen. Um die Serotoninproduktion für das Gehirn anzukurbeln benötigt der Mensch Bewegung, möglichst an frischer Luft und bei Tageslicht. Auch ausreichend Schlaf ist erforderlich, um hier ein Gleichgewicht zu erhalten.

Testosteron

Das „Männerhormon" schlechthin, da es Sexualität, Muskelkraft, Knochenaufbau und Durchsetzungsvermögen maßgeblich beeinflusst. Auch Frauen haben es und verdanken ihm ihre Libido. Gebildet wird es bei Männern in den Hoden, bei Frauen in der Nebennierenrinde (dort wird umgekehrt bei Männern Östrogen produziert).

Bei Testosteron ist es wie bei allen anderen Hormonen wichtig, dass sie genau im richtigen Maß im Körper vorhanden sind. Ein Zuviel führt bei Frauen zu Vermännlichung, bei Männern zu Aggressivität und teilweise auch zu Prostatakrebs. Ist das Testosteronniveau jedoch unterschritten, dann „schwächelt" der Mann – und das in allen erdenklichen Lebenslagen. Nachgewiesen ist mittlerweile, dass Testosteron im gesunden Sinne durch Bewegung gefördert wird. Es aktiviert den gesamten Muskelaufbau sowie Reparaturarbeiten in sämtliche Körperzellen.

Haben Männer Wechseljahre?
Eine Frage, die wissenschaftlich gesehen keine eindeutige Antwort zulässt. Tatsache ist, dass bei Männern die Testosteronproduktion mit zunehmenden Alter abnimmt. Müdigkeit, Konzentrationsstörungen, allgemeiner Leistungsabfall, Schlafstörungen und Erektionsstörungen können die Folge sein und zu einem massiven Leidensdruck führen. Es ist jedoch falsch, sofort und ausschließlich sein Heil in einer Hormonersatztherapie zu suchen, welche die Zusatzgabe von Testosteronprodukten empfiehlt, von der „mann" sich dann eine Aufhebung möglicher altersbedingter Potenzstörungen verspricht. Dies sollte immer mit einem Facharzt abgesprochen werden.

Für den Hormonhaushalt was Gutes tun

Zwar sind mittlerweile auch Hormontherapien für den Mann im Gespräch, allgemein ist davon jedoch abzuraten, außer es liegt eine ausdrückliche, vom Facharzt diagnostizierte, medizinische Indikation vor. Die Darstellung der Hormone in diesem Buch dient ausschließlich dem Verständnis der körperlichen Prozesse. Ein gesunder Körper bedarf keiner zusätzlichen Hormonbeigaben – auch im Alter nicht.
Was Ihrem Hormonspiegel gut tut:

- Nikotin und Alkohol sind wahres Gift. Zusammen mit Stress bilden sie das krankheitserzeugende Dreieck. Zudem lassen sie den Testosteronspiegel rapide nach unten fallen.
- Regelmäßige Bewegung fördert die Hormonbildung der so genannten „guten" Hormone und hält die Bilddung der „schlechten" Hormone in Schach.
- Eine gesunde, ausgeglichene Ernährung versorgt Sie mit allen Energiebausteinen, die Sie benötigen. Lesen Sie dazu Kapitel II.
- Wenn Sie Übergewicht haben – und sei es auch nur ein bisschen: Weg mit den überflüssigen Pfunden! Ihr Körper wird es Ihnen danken, Ihr Kopf wird darüber jubilieren. Bedenken Sie: Bereits fünf Kilogramm weniger Körperfett bedeutet einen rund ein drittel höheren Testosteronspiegel beim Mann.
- Regelmäßiger Sex kurbelt die Hormonproduktion an und bringt sie ins Gleichgewicht – also das Optimum schlechthin.
- Allein schon eine Portion Tageslicht und Frischluft sind eine Bereicherung für das hormonelle Gleichgewicht.

Formen der Bewegung

Unterschieden werden aerobe Trainingseinheiten von anaeroben. Aerob bedeutet, dass die Sauerstoffversorgung bei einer muskulären Betätigung gedeckt ist. Das heißt, wir joggen, walken oder erklimmen einen Berg, schnaufen zwar ein bisschen dabei, aber wir halten die Sporteinheit vom Luftvolumen her durch.
Beim anaeroben Training hingegen reicht der Sauerstoff zur Zellversorgung nach einer gewissen Zeit nicht mehr aus. Der Muskel ist unterversorgt und stellt kurzfristig seine Arbeit ein. Das passiert häufig beim Krafttraining, aber auch bei zu schnellem Laufen oder Walken. Entweder macht der Muskel einfach schlapp oder wir japsen regelrecht nach Luft.

 **Tipp:** Bewegen Sie sich an der frischen Luft. Das regt nicht nur die Muskelzellen, sondern auch die bekannten „Lebensgeister" an.

Bewegung mit Köpfchen

Ziel eines sinnvollen Trainings ist es, im aeroben Bereich zu agieren und diesen dabei auszubauen. Kann man anfangs fünf Minuten am Stück im aeroben Bereich joggen, dann kann durch regelmäßiges Training die Laufeinheit gesteigert werden. Nach einiger Zeit sind 15 Minuten nicht mehr beschwerlich, sogar das Tempo wird mühelos gesteigert. Das wollen wir erreichen.

Bewegt sich der Mensch – in einem Ausdauerbereich – an der frischen Luft, beansprucht er eine Vielzahl von Muskeln. Aber nicht nur das: Auch die Knochen werden versorgt, sämtliche Organe werden aktiviert, der Kreislauf wird angeregt und die allgemeine Sauerstoffversorgung läuft auf Hochtouren. Davon profitiert das Gehirn: Es bekommt eine gute Portion Frischluft ab. Und die kann es ziemlich gut gebrauchen, um leistungsfähig zu sein.

Auf- und Abbau im Körper

Leider verliert man durch Sport allein keine Pfunde. Aber: Man erhält eine trainierte Muskulatur, die Konturen werden straffer und man verliert längerfristig gesehen Fett – zu Gunsten der Muskeln.

Regelmäßige körperliche Bewegung bewirkt Folgendes: Der Körper beurteilt Sport als Stresszustand, denn die Bewegung erfordert ein Mehr an Energie und an Stoffwechselaktivitäten, deren Aufgabe es ist, die gesamte Versorgung aufrecht zu erhalten. Eigentlich ist er darauf ausgerichtet, mit einem minimalen Energieaufwand sämtliche Funktionen in Gang zu halten. Bewegt man sich nun täglich oder zumindest regelmäßig, gewöhnt sich der Körper daran und empfindet das nicht mehr als Ausnahmezustand. Im Gegenteil: nach einer Weile „weiß" er, dass bestimmte Muskelgruppen aktiviert werden. Und um diese leistungsfähig zu halten, baut er sie auf bzw. um: Zelle für Zelle wird dieser Vorgang eingeläutet. Dabei werden die vorhandenen Muskelzellen so umgerüstet, dass sie eine gute Energienutzung haben, also den zugeführten Zucker sowie Fettsäuren bestmöglich und komplett verwerten können. Zur weiteren Unterstützung werden neue Muskelzellen aufgebaut, damit der zu erwartende körperliche Vorgang leichter bewältigt werden kann. Wird zusätzlich weniger Nahrung zugeführt, bedient sich der Körper der Zuckervorräte aus den Fettzellen – langsam verschwinden diese dann. Wir erhalten eine straffe Muskulatur. Erfreulich ist außerdem, dass eine trainierte Muskelzelle von Haus aus einen größeren Grundumsatz hat. Das heißt, sie benötigt auch im Ruhezustand mehr Energie, also Kalorien, als eine Fettzelle braucht. Der Grundumsatz steigt, der Körper verbrennt mehr Energie – wenn er trainiert ist.

Was bedeutet Grundumsatz?

Unter Grundumsatz versteht man den Energiebedarf – gemessen in Kilojoule, früher Kilokalorien –, den der Körper benötigt, um seine Grundfunktionen im Ruhezustand funktionsfähig zu erhalten. Der Grundumsatz ist abhängig von Geschlecht, Alter, Größe, Körperoberfläche und reiner Muskelmasse. Bei einer Frau liegt er im Schnitt zehn Prozent unter dem des Mannes.

So hat ein Mensch von 70 Kilogramm Körpergewicht durchschnittlich folgenden Grundumsatz:

Mann: 7100 kJ/24h (1700 kcal/24h) = 7100 kJ/86400s = 80 W

Frau: 6300 kJ/24h (1500 kcal/24h) = 70 W

Da fast die gesamte Energie in Wärme messbar ist, kann man von der Heizfähigkeit eines Menschen sprechen, der ungefähr die Kapazität einer 60 Watt-Glühbirne oder einer Kerze erbringt. (in der Physik wird ein Watt umgerechnet in 0,860 Kilokalorien pro Stunde.)

Der Leistungsumsatz hingegen, ist die zusätzliche Energiemenge, die der Mensch für die Aktivitäten des Tages braucht. Also ist es logisch, dass ein körperlich arbeitender Mensch mehr Energie und damit mehr Nahrung zuführen muss, als einer, der den ganzen Tag im Büro sitzt.

Was heißt das für die Gesundheit?

Wie gesagt, der Körper passt sich einer regelmäßigen Bewegung an und stellt sich darauf ein. Bedenken Sie: Ihr Körper ist eigentlich ein fauler Hund und sucht immer die bequemste Lösung – eine uralte Programmierung aus der Steinzeit: Das körpereigene Überlebensprogramm ist nach wie vor darauf ausgerichtet, sämtliche Funktionen mit minimalem Aufwand aufrecht zu erhalten. Heute ist ein solches Programm gefährlich: Aufgrund der mangelnden Bewegung, des Überflusses an Essen und des stressigen, sprich hormonell unausgewogenen Lebens, funktioniert diese Erhaltensweise nicht mehr, sondern schlägt ins Gegenteil um. Daher sollte man dem Körper wieder etwas von dem geben, was er entwicklungsgeschichtlich früher im Überfluss hatte: Bewegung.

Hat sich der Körper nämlich auf regelmäßige Bewegung eingestellt, hat das positive Folgen.

- Die Sauerstoffversorgung wird gesteigert: Das Lungenvolumen vergrößert sich (bis zu 30 Prozent) und die Transportfähigkeit der Blutkörperchen, die den Sauerstoff an ihren Bestimmungsort bringen, verbessert sich.

- Der Fettstoffwechsel wird angeregt – was der Figur zu Gute kommt. Die Fettdepots werden zu Gunsten von Muskelzellen geleert. Regelmäßige Bewegung fördert den gesamten Leberstoffwechsel, die Cholesterinwerte werden reguliert: Das „gute" HDL-Cholesterin wird erhöht und das „schlechte" LDL-Cholesterin abgebaut (siehe Kapitel II, Seite 68).

- Das gesamte Herz-Kreislauf-System wird deutlich gestärkt. Ein trainiertes Herz pumpt weitaus größere Mengen Blut durch die Adern und sichert damit eine bessere Versorgung aller Körperpartien. Der Blutdruck wird gesenkt und der Pulsschlag optimiert – was dem Herzmuskel zu Gute kommt. Auch die Fließeigenschaft des Blutes verbessert sich.

- Dem gesamten Muskel-, Bänder- und Sehnenapparat sowie dem Skelett tun sportliche Betätigungen mehr als gut: Muskeln werden aufgebaut und können Haltungsschäden und dem gefürchteten Bandscheibenvorfall entgegenwirken. Der Bänderapparat bleibt elastisch und belastbar; die Knochendichte bleibt erhalten und die Gefahr von Osteoporose vermindert.

- Die Verdauung funktioniert deutlich besser – eine gute Vorbeugung gegen den gefährlichen Darmkrebs. Die gesamte Insulinproduktion wird reguliert: Ein trainierter Körper benötigt weniger Insulin als ein untrainierter. Damit schützt Bewegung auch vor Diabetes II.

- Das Immunsystem wird angekurbelt und gestärkt. Trainierte Menschen sind weitaus weniger krankheitsanfällig. Sie haben einen guten Schlaf, der für wirkungsvolle Erholung sorgt: Eine wichtige Voraussetzung, um den täglichen Belastungen gewachsen zu sein.

- Bewegung baut Stresshormone ab. Sie haben mit Ihrem Sport ein wirkungsvolles Instrument, sich von Stressphasen zu erholen und körperlich zu regenerieren. Ihre Leistungsfähigkeit wird gesteigert.

Nichts wie ran ...
Selbst wenn Sie blutiger Anfänger sind und erst jetzt mit Ihrem Sport beginnen, ist noch nichts verloren. Folgendes müssen Sie wissen: Schon nach wenigen Wochen kann ein untrainierter Mensch, egal welchen Geschlechts und welchen Alters (!) bei zwei regelmäßigen aeroben Bewegungseinheit (jeweils ca. 20 Minuten) pro Woche sein körperliches Leistungsvermögen – und damit auch sein gesundheitliches Wohlbefinden – um das Doppelte steigern.

Ausdauertraining

Von der Theorie in die Praxis: Jetzt geht's los! Beginnen Sie zweimal die Woche mit einem Ausdauertraining Ihrer Wahl.

Sind Sie vollkommen untrainiert, empfiehlt sich zum Einstieg Walken. Bänder- und Sehnenapparat sowie das Skelett, das sich erst einmal an die neue Belastung gewöhnen muss, werden bei dieser Lauftechnik geschont.

Sind Sie bereits etwas trainierter, dann ist Joggen der Jungbrunnen, aus dem Sie fortan schöpfen sollten. Bei dieser Bewegungsform werden nicht nur die Muskeln angesprochen. Der Sehnen- und Bänderapparat sowie das Skelett erhalten ebenfalls wertvolle Impulse, die zu Aufbautätigkeiten anregen. Abgesehen davon, dass das Laufen an der frischen Luft für einen klaren Kopf sorgt: Während der sportlichen Betätigung laufen sämtliche körperlichen Funktionen auf Hochtouren. Auch das Gehirn ist beschäftigt. Es muss die Prozesse im Körper koordinieren und unterstützen. Keine Zeit also, sich mit anderen Dingen herumzuschlagen – so könnte man das lapidar ausdrücken. Tatsächlich sagen Menschen, die sich regelmäßig im aeroben Bereich an der frischen Luft bewegen, dass sie dabei sehr gut abschalten können. Diese Form der Entspannung baut – und das ist wissenschaftlich erwiesen – Stresshormone in Windeseile ab, schlechte Stimmung verfliegt und die Laune steigt mit jedem Schritt.

Tipp: Machen Sie sich den Kopf frei mit regelmäßiger Bewegung an der frischen Luft. ·

Pulsschlag und Herzfrequenz

Damit man sich aber nun nicht vom Berufsstress nahtlos in den Freizeitstress begibt, sollte man sich – gerade wenn man Anfänger ist – mit seinem Pulsschlag und dem so genannten Herzfrequenz-Zielbereich während des Sports befassen. Jeder Mensch hat einen eigenen Herzfrequenz-Zielbereich, das ist der Pulsschlag, mit dem man sich während des Trainings bewegen sollte. Denn es hat keinen Sinn, wenn Sie sich – nach einem kurzen Aufwärmen – in den ersten Trainingsminuten mit maximaler Geschwindigkeit bewegen. Bereits in Kürze würde Ihnen im wahrsten Sinne des Wortes die Luft ausgehen. Tritt dies ein, haben Sie sich in den anaeroben Bereich begeben – und das hält keiner lange durch. Für ein sinnvolles und effizientes Ausdauertraining sollte man im individuell richtigen Herzfrequenz-Zielbereich trainieren. Diesen können Sie für sich selbst errechnen:

Herzfrequenz-Zielbereich =
Ruhepuls + (maximale Herzfrequenz – Ruhepuls) x 0,6 oder 0,7 oder 0,75

(0,6 für Anfänger / 0,7 für mittelgut Trainierte / 0,75 für Trainierte)

Aber auch das Alter spielt eine Rolle. Mit folgender Tabelle können Sie Ihren optimalen Bereich ermitteln:

Alter	optimaler Trainingsbereich = 60–75 %	durchschnittliche max. Frequenz = 100 %
20	120 –150	200
25	117 – 146	195
30	114 – 142	190
35	111 – 138	185
40	108 – 135	180
45	105 – 131	175
50	102 – 127	170
55	99 – 123	165
60	96 – 120	160
65	93 – 116	155
70	90 – 113	150

Die Messung des Ruhepulses nehmen Sie am besten am Morgen, gleich nach dem Wachwerden vor. Im Normalfall liegt der Puls bei einem erwachsenen Menschen zwischen 60 und 80 Schlägen pro Minute. Je trainierter ein Mensch ist, desto niedriger ist sein Ruhepuls. So können Sie auch anhand einer regelmäßigen Pulsmessung Ihren Trainingszustand sehen.

Tipp: Es geht auch ohne elektrischen Pulsmesser. Zur manuellen Pulsmessung fassen Sie mit Zeige- und Mittelfinger an Ihre Halsschlagader. Sehen Sie dabei auf eine Uhr mit Sekundenzeiger und zählen Sie die Pulsschläge innerhalb der nächsten 15 Sekunden. Den Wert mit vier multipliziert ergibt Ihren Puls.

Wenn Sie mit dem Ausdauertraining beginnen, ist ein Frequenzbereich von 50 bis 60 Prozent der maximalen Pulsfrequenz gut. Mit zunehmender Fitness sollte dieser Bereich aber auf 60 bis 70, bei sehr gut Trainierten sogar darüber, gesteigert werden. Aber auch diese Werte sind abhängig vom Alter und von der Dauer Ihres Trainings. Laufen Sie zum Beispiel 45 Minuten, kann der Herzfrequenz-Zielbereich eher an der unteren Grenze liegen, als wenn Sie 30 Minuten laufen.

Auch hier gilt, was eigentlich überall gilt: ein Zuviel ist genauso ungesund wie ein Zuwenig. Besser ist es also, einen geringeren Herzfrequenz-Bereich anzustreben, diesen aber dafür über die gesamte Trainingseinheit aufrechtzuerhalten.

Ärztlicher Check-up

Wenn Sie Neueinsteiger sind, schon lange keinen Sport mehr gemacht haben oder übergewichtig sind, dann ist ein ärztlicher Check-up empfehlenswert. Denn bei einem völlig Untrainierten kann die ungewohnte Belastung das Herz-Kreislauf-System negativ belasten. Auch bei den Risikofaktoren Rauchen, Bluthochdruck, erhöhte Blutfettwerte, oder Diabetes ist der Gang zum Arzt unbedingt erforderlich. Ein Fitness-Check-up ist eine Selbstzahlerleistung, das heißt die Krankenkassen übernehmen diese Kosten nicht. Die Investition lohnt sich jedoch auf alle Fälle!

Kraft fürs Gehirn

Nur Ausdauer allein reicht nicht. Der Körper braucht Kraft, vor allem, wenn er leistungsfähig bleiben soll. Wer über Kraft verfügt, der hat auch ein Energiefeld, das ihn umgibt, wie ein schützender Mantel. Ein muskulöser Körper ist dynamisch und voller Spannung – Komponenten, auf die das Umfeld positiv reagiert.

Was im Kopf passiert

Bei einem regelmäßigen Training werden die Gehirnzellen aktiviert. Alle Stoffwechselprozesse laufen auf Hochtouren, der Körper bildet Muskelzellen aus und um und sorgt für körperliche Leistungsfähigkeit. Auch das Krafttraining trägt dazu bei, dass das Gehirn beansprucht wird.

Während beim Ausdauertraining der Kopf irgendwann einmal regelrecht „frei" von Gedanken wird – dieser Zustand entsteht aufgrund des hoch aktivierten Sauerstoffwechsels – werden bei einem Krafttraining vermehrt koordinative und muskuläre Befähigungen angesprochen. Das Gehirn muss darauf aufpassen, dass die gewünschte Bewegung, erschwert durch ein zusätzliches Gewicht, präzise ausgeführt wird. Und das ist, wenn man den komplexen Bewegungsvorgang betrachtet, kein leichtes Unterfangen. Ein reger Signalaustausch zwischen den Muskeln, dem Bewegungszentrum und dem Gehirn ist wissenschaftlich erwiesen. Somit ist das Krafttraining ebenfalls eine Form von Gehirntraining, mit dem Sie sich fit halten.

Krafttraining – wie oft, wie viel?

Was beim Ausdauerbereich erwünscht ist, nämlich ein lang anhaltendes Training im aeroben Bereich, ist hier genau andersherum: Kurze Sequenzen im anaeroben Bereich, mit entsprechenden Erholungseinheiten, lassen die Muskeln wachsen bzw. fest werden. Beginnen Sie auch hier langsam. Im 7-Wochen-Plan (ab Seite 38) geben wir Ihnen eine Kraftübung mit der entsprechenden Dehnübung pro Woche an. Sie können sich natürlich nach Belieben steigern. Bedenken Sie aber immer wieder: Weniger, und das korrekt ausgeführt, ist mehr. Ein schnelles, aber unkorrekt absolviertes Trainingsprogramm nützt nichts.

Wenn sich Ihr Trainingszustand verbessert hat, empfehlen sich zwei bis drei Einheiten Kraftaufbau pro Woche zusätzlich zu den Ausdauereinheiten.

Da der Muskel nur in der Ruhephase wächst, also sich an die Belastungseinheit gewöhnen kann, müssen zwischen den einzelnen Krafttrainingseinheiten entsprechende Pausen liegen. Bei Untrainierten können das mehrere Tage bis zu einer Woche sein, bei Trainierten sollte es immer noch mindestens ein Tag sein. Im Trainingsplan finden Sie daher ein so genanntes Splittraining. Sie sprechen pro Woche eine andere Muskelgruppe an, die im Anschluss entsprechend gedehnt wird. Sie können dann aber, zur Steigerung, auch an drei Tagen verschiedene Muskelgruppen trainieren: Beispielsweise am ersten Tag den Schulter-, Brust- und Armbereich, am nächsten Krafttrainingtag den Rücken- und Bauchbereich, am dritten Tag den gesamten Bein- und Pomuskelapparat. Bis zur nächsten Trainingeinheit der jeweiligen Muskelgruppe vergeht dann eine Woche – Ruhe genug für die Muskulatur entsprechend entwickelt zu werden.

> **Tipp:** Gerade zwischen den Krafttrainingseinheiten sind die Ruhephasen von entscheidender Bedeutung. Der Muskel muss sich regenerieren können.

Vorsicht Fehlhaltungen

Beim Krafttraining können sich aufgrund der monotonen Bewegungsabläufe und unter der Belastungen oft Fehlhaltungen mit daraus resultierenden Haltungs- und Bewegungsschäden einschleichen. Sie entstehen, wenn die Übung nicht richtig ausgeführt wird, das heißt, wenn sich automatische Ausweichbewegungen einstellen. Ausweichbewegungen treten dann auf, wenn man sich nur auf den Part des Körpers konzentriert, der trainiert wird. Beachten Sie daher, dass, egal bei welcher Übung, die Körperhaltung immer gerade sein sollte. Ein gerader Rücken – das heißt, der Bauch ist angespannt und drückt sozusagen gegen den Rücken und umgekehrt – ist das A und O des Krafttrainings. Auch das Atmen (besonders leistungsorientierte Männer achten darauf deutlich zu wenig) sollte bewusst geschehen. Gleichmäßig und tief, das ist die Devise.

Folgeerscheinungen von Fehlstellungen beim Training

Wird das Krafttraining nicht korrekt durchgeführt oder überbeansprucht man sich, dann entstehen im Zuge der Nervenimpulse der Trainingseinheit Schmerzen. Diese führen zu Ausweichbewegungen. Die bekannteste Form ist bei einem Bizepstraining das so genannte ins Kreuz fallen – man knickt im unteren Rücken, dem Bandscheibenbereich, ins Hohlkreuz ein, gleichzeitig schiebt man die Brust nach vorne. Der Schmerz wird aber vom Gehirn gespeichert und zwar als Konsequenz der Trainingsbewegung mit der entsprechenden Auflösung in der Ausweichbewegung. Übt man wieder, fällt man automatisch in die Ausweichbewegung. Ergebnis: Die falsche Bewegung setzt sich regelrecht fest. Zwar hat man keine Schmerzen mehr, dafür wird nun eine andere Körperpartie chronisch über- oder fehlbelastet. Nach einiger Zeit treten die Folgen dieser Fehlhaltungen als Schmerzen und/oder Reduktion der Beweglichkeit auf. Neben dem langwierigen Auskurieren ist es zudem schwer, eingeschliffene Bewegungsabläufe zu berichtigen. Das Gehirn ist nun mal träge.

Tipp: Achten Sie gerade beim Krafttraining auf eine korrekte Haltung. Sie können Ihre Übungen selbst vor einem Spiegel überprüfen. Oder Sie beginnen Ihr Training mit einer entsprechend ausgebildeten Person, die Ihre Bewegungsabläufe immer wieder korrigiert.

Muskelkraft für Manneskraft

Bei den meisten Männern das Tabuthema schlechthin: die nachlassende oder gar ausbleibende Potenz. Häufige Ursache: Stress, ständige psychische Anspannung und natürlich auch die Jahre. Dass das nicht sein muss, beweisen bis ins hohe Alter sexuell aktive Männer wie Picasso, Anthony Quinn oder die Berglegende Luis Trenker – ihr noch spät gezeugter Nachwuchs spricht für sich. Ein gezieltes Training des Beckenbodens ist der Schüssel zum Erfolg. In einer über drei Monate hinweg angelegten Studie mit 124 Männern bewies der Kölner Mediziner Frank Sommer, dass regelmäßiges Beckenboden-Krafttraining bei 80 Prozent der Probanden eine deutliche Verbesserung der Potenz bewirkte.

Fitness-Studio – Pro und Contra

Manche mögen sie, andere lehnen Fitness-Studios kategorisch ab. Egal für was Sie sich entscheiden, überlegen Sie sich nur Folgendes: Für ein regelmäßiges Krafttraining müssen Sie, genauso wie für das Ausdauertraining, Ihren „inneren Schweinehund" überwinden. Und dieses Tierchen ist gelegentlich ziemlich träge ... Wenn Sie Ihren ständigen Begleiter gut im Griff haben, dann führen Sie Ihre Trainingseinheiten zu denen von Ihnen festgelegten Zeiten durch, ohne wenn und aber. Aber nicht jeder ist so konsequent. Trainingsgruppen, außerhalb oder eben in einem Fitness-Studio, können hier den nötigen Ansporn geben. Neben der Motivation, die man durch eine Gruppe erhält, bekommt man in einem Fitness-Studio auch fachliche Betreuung beim Durchführen der Übungen. Ein zusätzlicher Anreiz für viele: der Wellnessbereich mit Sauna, Dampfbad und Massagen.

Für andere sind Fitness-Studios eher eine Form, viel Geld in kurzer Zeit loszuwerden. Denn sportlich betätigen kann man sich genauso gut draußen an der frischen Luft. Hier muss jeder herausfinden, was ihm mehr liegt. Wichtig ist nur, dass das Training nicht einseitig wird, sondern sowohl eine Ausdauersportart als auch ein ausgewogenes Krafttraining beinhaltet.

Der 7-Wochen-Plan für körperliche Fitness

Bevor Sie mit dem Training beginnen. Lesen Sie die folgenden Empfehlungen der Deutschen Gesellschaft für Sportmedizin und Prävention und des Deutschen Sportärztebundes durch. Das Motto lautet: Lieber langsam und beständig, als kurz und heftig. Dauerhafter Erfolg ist nur mit etwas Anstrengung zu erreichen – was Sie aus Ihrem beruflichen Alltag ja auch kennen.

10 Goldene Regeln für gesundes Sporttreiben

1. Erst zum Arzt, dann zum Sport
- Besonders Anfänger und Wiedereinsteiger über 35 Jahre.
- Bei Vorerkrankungen oder Beschwerden.
- Bei Risikofaktoren: Rauchen, Bluthochdruck, erhöhten Blutfettwerten, Diabetes, länger anhaltendem Bewegungsmangel, Übergewicht.

2. Sportbeginn mit Augenmaß

- Die Trainingsintensität langsam beginnen und die Belastung entsprechend steigern (Intensität, Häufigkeit und Dauer).
- Möglichst unter Anleitung trainieren, so man sich nicht sicher fühlt (Verein, Lauftreff oder Fitness-Studio – Informationen dazu gibt es beim Landessportbund oder Sportärztebund).
- Möglichst 3 bis 4 Sporteinheiten in der Woche für 20 bis 40 Minuten in sein Leben integrieren.

3. Überbelastung beim Sport vermeiden

- Nach dem Sport darf eine „angenehme" Erschöpfung vorliegen.
- Laufen ohne allzu starkes Schnaufen.
- Sport soll Spaß, keine Qualen bereiten.
- Evtl. Trainingspuls vom Sportarzt vorgeben lassen.
- Besser „länger und locker" als „kurz und heftig".

4. Nach Belastung für ausreichende Erholung sorgen

- Nach einer sportlichen Belastung auf ausreichende Erholung (Regeneration, Schlaf) achten.
- Nach intensivem Training „lockere" Trainingseinheiten einplanen.

5. Sportpause bei Erkältung und Krankheit

- Bei „Husten, Schnupfen, Heiserkeit", Fieber oder Gliederschmerzen, Grippe oder sonstigen akuten Erkrankungen: Sportpause, anschließend allmählicher Beginn.
- Im Zweifelsfall: Fragen Sie Ihren Arzt.

6. Verletzungen vorbeugen und ausheilen lassen

- Aufwärmen und Dehnen nicht vergessen.
- Verletzungen brauchen Zeit zum Ausheilen.
- Schmerzen sind Warnzeichen des Körpers.
- Im Zweifelsfall den Sportarzt fragen.
- Zum Ausgleich vorübergehend eine andere Sportart betreiben.

7. Sport an Klima und Umgebung anpassen

- Kleider machen Sportler: Die Kleidung soll angemessen und funktionell sein, der modische Aspekt ist eher sekundär.
- Luftaustausch beachten, die Kleidung an die Witterung anpassen.

- Bei Kälte: warme Kleidung, windabweisend, durchlässig für Feuchtigkeit (Schweiß) nach außen.
- Bei Hitze: Training reduzieren, Flüssigkeitszufuhr beachten.
- Bei Höhe: Auf eine verminderte Belastbarkeit achten, angepasste Kleidung und entsprechendes Trinkverhalten.
- Bei Luftbelastung (Schadstoffe, Ozon): Das Training reduzieren, Sport am Morgen oder Abend.

8. *Auf richtige Ernährung und Flüssigkeitszufuhr achten*

- Eine kohlenhydrat- und ballaststoffreiche Kost, fettarm; die Kalorienzufuhr dem Körpergewicht anpassen.
- Flüssigkeitsverlust nach dem Sport durch mineralhaltiges Wasser ausgleichen, bei Hitze mehr trinken.
- *Merke: Bier ist kein Sportgetränk!*
- Aber: Ein Glas Alkohol (Wein, Bier) darf gelegentlich sein.

9. *Sport an Alter und Medikamente anpassen*

- Sport ist im Alter ist sinnvoll und notwendig.
- Sport im Alter soll vielseitig sein (Ausdauer, Kraft, Beweglichkeit, Koordination).
- Auch im Alter: Fitness ist gefragt.
- Medikamente sowie deren Einnahmezeitpunkt und Dosis dem Sport anpassen. Auch dazu soll der Arzt befragt werden.

10. *Sport soll Spaß machen*

- Auch die Seele lacht beim Sport, denken Sie an Ihre Hormone.
- Gelegentlich die Sportart wechseln – Abwechslung tut auch hier vielen gut.
- Mehr Spaß bei Sport haben so manche in der Gruppe oder im Verein.
- Bewegung, Spiel und Sport sind Vergnügen.
- Sport auch im Alltag: Treppen steigen statt Aufzug, zu Fuß zum Briefkasten, schnelles Gehen (Walking) ist Sport.
- Wird gewohnter Sport anstrengend und mühsam, dann denken Sie an eine mögliche Erkrankung.
- Regelmäßige, auch sportärztliche, Vorsorgeuntersuchung hilft Schäden zu vermeiden.

1. Woche: Eingewöhnung

Wochentag	Puls (Schl./Min.)	Zeit (Minuten)	Bemerkungen
Mittwoch	180 – Lebensalter	15 Minuten	Suchen Sie sich einen Wochentag aus, der Ihnen besonders gut liegt und gehen Sie 15 Minuten zügig spazieren.
Samstag	180 – Lebensalter	20 Minuten	Ein zweiter Termin bietet sich am Wochenende an. Nehmen Sie doch einfach Ihren Partner/ Ihre Partnerin oder jemanden aus Ihrem Freundeskreis mit!

Einen gesunden Rücken kann nichts beugen. Daher beginnt das Krafttraining auch mit der Schwachstelle Nr. 1, dem unteren Rücken inklusive Gesäßmuskulatur. Ist dieser gestärkt, dann hat das einen erheblichen Einfluss auf die Körperhaltung und auf mögliche Bandscheibenattacken.

Kraftübung für Woche 1:

Gesäßmuskel (M. gluteus maximus), unterer Rücken (Rückenstrecker – M. erector spinae) und gerader Bauchmuskel (M. rectus abdominis)

1. Auf den Rücken legen, die Beine auf den Petziball auflegen, die Arme flach neben dem Körper zum Aufstützen ablegen.
2. Jetzt die Beine durchstrecken und gleichzeitig das Becken anheben. Bauch und Rücken in eine gerade Position bringen.
3. Jeweils 15 Sekunden halten, dann entspannen. 3 Serien.

Fortgeschrittene ziehen den Ball mit den Füßen an und drücken dabei das Becken aktiv nach oben.

Dehnübung für Woche 1:

Gesäßmuskel (M. gluteus maximus), unterer Rücken (Rückenstrecker – M. erector spinae)

1. Legen Sie sich auf den Rücken, winkeln Sie die Beine an und fassen mit den Händen die Schienbeine. Die Füße sind entspannt. Der untere Rücken liegt flach auf dem Boden. Schulter, Hals und Nacken sind entspannt.
2. Beide Beine soweit in Richtung Brust ziehen, bis Sie die Dehnung spüren. 20 bis 30 Sekunden halten, dann entspannen. 3 Serien.

2. Woche: Eingewöhnung

Wochentag	Puls (Schl./Min.)	Zeit (Minuten)	Bemerkungen
Mittwoch	180 – Lebensalter	15 Minuten	Gehen Sie entweder direkt nach der Arbeit oder eine Stunde nach dem Abendessen 15 Minuten stramm um den Häuserblock, schon haben Sie aktiv etwas für Ihre Fitness getan.
Samstag	180 – Lebensalter	25 Minuten	Suchen Sie sich für Ihre Einheit am Wochenende eine schöne Wegstrecke aus, z.B. entlang eines Flusslaufes.

Bizepstraining ist beliebt, der Trizeps kommt leider oft zu kurz. Der Armstrecker hat aber einen erheblichen Einfluss auf den gesamten Stützapparat des Oberkörpers. Zudem macht Sie eine schlaffe, also untrainierte Trizepsmuskulatur älter als Sie sind ...

Kraftübung für Woche 2:
Armstrecker (M. trizeps brachii)
1. Den Ball zur Stabilisation gegen die Wand drücken. Mit den angewinkelten Armen auf dem Ball aufstützen, die Fingerspitzen zeigen nach vorne; die Beine bilden einen offenen 90°-Winkel.
2. Die Arme unter Beibehaltung der Körperposition langsam beugen – das Gesäß darf den Ball nicht berühren. Unbedingt die Spannung in Bauch und Rücken aufrechterhalten.
3. Langsam 10-mal auf und ab bewegen.

Dehnübung für Woche 2:

Armstrecker (M. trizeps brachii)

1. Stehen Sie gerade, die Beine sind hüftbreit geöffnet. Einen Arm angewinkelt hinter den Kopf legen.
2. Jetzt fassen Sie mit der anderen Hand die Oberseite des Arms und ziehen ihn langsam hinter den Kopf. Wichtig ist, nicht im Rücken auszuweichen, das Schultergelenk entspannt zu lassen und gleichmäßig zu atmen.
3. 20 bis 30 Sekunden halten, dann den Arm ausschütteln und den anderen Arm dehnen. Pro Arm 2 Wiederholungen.

41

3. Woche: Steigerung der Belastung

Wochentag	Puls (Schl./Min.)	Zeit (Minuten)	Bemerkungen
Mittwoch	190 – Lebensalter	20 Minuten	Nach den ersten beiden Eingewöhnungswochen sind 20 Minuten am Abend doch schon kein Problem mehr für Sie ...
Samstag	190 – Lebensalter	35 Minuten	Verabreden Sie sich. Zu zweit oder in der Gruppe ist es gleich viel amüsanter und die Zeit geht schneller vorbei!

Eine seitlich trainierte Körpermuskulatur sorgt für eine gute Haltung. Sicherlich hat sie Einfluss darauf, aber primär verschafft Sie Ihnen „Bewegungsfreiheit" und nebenbei auch ein schlanke Taille.

Kraftübung für Woche 3:

Seitliche Bauchmuskulatur (Innere und äußere schräge Bauchmuskulatur – M. obliquus externus und M. obliquus internus)

1. Legen Sie sich seitlich mit der Hüfte auf den Petziball und stützen sich dabei mit den Armen seitlich ab.
2. Jetzt strecken Sie den Körper durch und halten dabei die Arme angewinkelt vor den Körper. Fortgeschrittene heben das obere Bein gestreckt mit angewinkeltem Fuß und ziehen den Arm nach oben. Stützen Sie sich parallel dazu mit dem unteren Arm auf dem Boden ab.
3. 4 bis 12 Sätze pro Seite.

Dehnübung für Woche 3:

Dehnung der seitlichen Rumpfmuskulatur

1. Stehen Sie aufrecht, die Beine sind hüftbreit geöffnet, die Knie leicht gebeugt.
2. Den Oberkörper zur Seite neigen, dabei aber den Bauch fest anspannen – ausatmen und dann gleichmäßig weiteratmen.
3. 20 Sekunden halten, dann die Seite wechseln. 3 Sätze pro Seite.

43

4. Woche: Steigerung der Belastung

Wochentag	Puls (Schl./Min.)	Zeit (Minuten)	Bemerkungen
Mittwoch	190 – Lebensalter	20 Minuten	Vielleicht können Sie die 20 Minuten am Abend mit etwas verbinden (Gang zum Postkasten oder kehren Sie anschließend bei Ihrem Lieblingsitaliener ein – aber nur auf ein kühles Glas Wasser mit Zitrone – das löscht den Durst hervorragend ☺).
Samstag	190 – Lebensalter	40 Minuten	Verlängern Sie Ihre Wegstrecke um weitere 5 Minuten – Ihre Leistungsfähigkeit hat sich nach 4 Wochen bereits toll gesteigert.

Ein flacher Bauch gilt heute als Statussymbol für einen disziplinierten, leistungsfähigen Menschen. Die Bauchmuskulatur wurde in den letzten Wochen bereits mittrainiert. Hier kommt sie nochmals gesondert zum Einsatz.

Kraftübung für Woche 4:

Bauchmuskulatur (M. rectus abdominis)

1. Auf den Petziball setzen, die Beine anwinkeln, die Fußspitzen nach oben ziehen.
2. Den Oberkörper mit geradem Rücken und angespanntem Bauch zurücklehnen, dabei die Arme vor der Brust verschränken. Den Kopf gerade halten.
3. Anfänger 5 Sekunden halten, Fortgeschrittene 10 Sekunden. 3 Serien.

Dehnübung für Woche 4:

Bauchmuskulatur (M. rectus abdominis)

1. Legen Sie sich auf den Rücken und stellen Sie die Beine leicht angewinkelt auf.
2. Nun drücken Sie fest den unteren Rücken auf den Boden und ziehen die Arme seitlich des Kopfes nach oben.
3. 20 Sekunden halten, dabei tief durchatmen. 3 Wiederholungen.

5. Woche: Steigerung der Belastung

Wochentag	Puls (Schl./Min.)	Zeit (Minuten)	Bemerkungen
Mittwoch	190 – Lebensalter	40 Minuten	Nun können Sie auch Ihre beiden Trainingseinheiten am Wochenende absolvieren – und haben die ganze Woche frei, denn Ihre Regenerationsfähigkeit hat sich bereits verbessert.
Samstag	190 – Lebensalter	30 Minuten	Haben Sie es einmal mit einer Walking-Runde vor dem Frühstück versucht? Trinken Sie vor dem Start ein großes Glas Wasser und genießen Sie anschließend Ihr Vitalfrühstück auf der Terrasse.

Nun wird der obere Bereich des Rückens aufgebaut: Die „Basis", unterer Rücken, Bauch und seitliche Rumpfmuskulatur ist geschaffen. Jetzt geht es an die allgemeine Haltung. Mit einem trainierten Rückenstrecker erhalten Sie ganz automatisch eine aufrechte Körperhaltung. Außerdem beugen sie Verspannungen, die gerade bei überwiegend sitzender Tätigkeit entstehen, vor.

Kraftübung für Woche 5:

Ganzer Rückenstrecker (M. latissimus dorsi, breiter Rückenmuskel und M. erector spinae, Rückenstrecker)

1. Legen Sie sich mit dem Bauch auf den Petziball, strecken Sie die Beine durch und stellen die Füße rechtwinklig auf.
2. Dann heben Sie den Oberkörper mit samt den angewinkelten Armen, lassen dabei aber den Rücken gerade. Der Kopf ist die Verlängerung der Wirbelsäule, das heißt nicht auf die Brust fallen lassen oder ins Genick legen. Die Finger durchstrecken.

3. Zwischen 8 bis 15 Wiederholungen sind – je nach Trainingsstand – angesagt.

Eine Steigerung erreichen Sie, indem Sie die Arme durchstrecken und den Oberkörper lang nach vorne ziehen.

Dehnübung für Woche 5:

Ganzer Rückenstrecker (M. latissimus dorsi, breiter Rückenmuskel und M. erector spinae, Rückenstrecker)

1. Setzen Sie sich mit locker gebeugten Beinen auf den Boden und beugen den Oberkörper mit rundem Rücken vor. Führen Sie dabei die Hände zwischen die Beine und fassen Sie Ihre Fußgelenke.
2. Jetzt ziehen Sie den Bauch nach innen und pressen den runden Rücken nach außen. Dabei öffnen sich die Schulterblätter.
3. 20 bis 30 Sekunden halten. 3 Wiederholungen.

6. Woche: Festigung des erreichten Fitnesslevels

Wochentag	Puls (Schl./Min.)	Zeit (Minuten)	Bemerkungen
Mittwoch	190 – Lebensalter	40 Minuten	Ein erstes Grundniveau an Fitness haben Sie nun erreicht. Herzlichen Glückwunsch. Die nächsten beiden Wochen brauchen Sie Ihre Einheiten nicht weiter zu steigern.
Samstag	190 – Lebensalter	40 Minuten	Ein sonntäglicher Abendspaziergang in etwas zügigerem Tempo – und Sie sind weiter auf dem besten Weg zu mehr Leistung und Fitness.

Sie ist der Gegenspieler zum oberen Rückenbereich: Erst eine gekräftigte Brustmuskulatur verhindert hängende Schultern und eine eingefallene Haltung.

Kraftübung für Woche 6:

Brustmuskulatur (M. pectoralis major)

Liegestütze mit dem Petziball

1. Gehen Sie in den Kniestand und stützen dabei die Hände auf dem Petziball ab.
2. Jetzt die Unterschenkel abheben und den Oberkörper gestreckt nach vorne bringen. Die Arme dabei anwinkeln. Bauch und Rücken gerade halten.
3. Anfänger sollten 8 bis 16 Wiederholungen, Fortgeschrittene zwischen 8 bis 24 Wiederholungen durchführen.

Dehnübung für Woche 6:

Brustmuskulatur (M. pectoralis major)

1. Mit dem Gesicht zur Wand stellen und einen Arm angewinkelt an die Wand legen. Die Fußspitzen zeigen zur Wand.
2. Den Oberkörper vom Arm wegdrehen, bis Sie ein Ziehen im Brustmuskel verspüren.
3. 20 bis 30 Sekunden halten, dann Armwechsel. 2 Wiederholungen.

7. Woche: Festigung des erreichten Fitnesslevels

Wochentag	Puls (Schl./Min.)	Zeit (Minuten)	Bemerkungen
Mittwoch	190 – Lebensalter	40 Minuten	Beziehen Sie Ihren Partner weiter mit in Ihr Training ein. Mit einem Verbündeten geht es gleich viel leichter.
Samstag	190 – Lebensalter	40 Minuten	Inzwischen ist Ihr Training am Wochen-ende schon Routine. Sie haben viel geschafft.

Natürlich dürfen die Beine nicht fehlen. Da Sie aber eine Menge dafür bei Ihren Ausdauereinheiten getan haben, sind sie hinten angestellt. Außerdem finden Sie noch Dehnübungen für die hintere Oberschenkel- und die Wadenmuskulatur, die Sie den Ausdauereinheiten anschließen sollten.

Kraftübung für Woche 7:
Oberschenkelmuskulatur (M. quadrizeps)
1. Den Petziball mit dem Rücken gegen die Wand drücken.
2. Langsam in die Kniebeuge gehen, bis Unter- und Oberschenkel im 90°-Winkel zueinander stehen. Kurz halten, dann wieder in die Ausgangsposition zurückbewegen.
3. 10 Serien

Dehnübung 1 für Woche 7:

Oberschenkelmuskulatur (M. quadrizeps femoris)

1. Stehen Sie aufrecht, die Beine hüftbreit geöffnete, die Fußsitzen zeigen nach vorne. Zum Stabilisieren können Sie sich mit einer Hand an Türe oder Türrahmen festhalten.
2. Ein Bein mit Hilfe einer Hand zum Gesäß ziehen, dabei gleichzeitig die Hüfte leicht nach vorne schieben. Gleichmäßig atmen und halten.

51

3. 20 bis 30 Sekunden halten, dann Beinwechsel. 2 Wiederholungen.

Dehnübung 2 für Woche 7:
Hintere Oberschenkelmuskulatur (M. biceps femoris)
1. In die leichte Schrittstellung mit leicht gebeugten Beinen gehen. Den Oberkörper mit geradem Rücken nach vorne beugen, dabei das Gesäß nach hinten schieben – ausatmen.
2. Lassen Sie das vordere Bein gebeugt und strecken nun das hintere Bein langsam durch, dabei die Fußspitze nach oben ziehen – gleichmäßig weiteratmen.
3. 20 Sekunden halten, dann Seitenwechsel. 2 Wiederholungen.

Dehnübung 3 für Woche 7:
Wadenmuskulatur (M. gastrocnemius)
1. In den leichten Ausfallschritt gehen, dabei stützen die Hände seitlich ab. Der hintere Fuß steht ganz auf dem Boden, die Fußspitze zeigt nach vorne.
2. Das hinter Bein langsam durchstrecken, dabei die Hüfte nach vorne unten schieben. Der Rücken wird dadurch gerade. Sie verspüren ein Ziehen in der Wade.
3. 20 Sekunden halten, dabei gleichmäßig atmen. Sollte die Dehnspannung zu gering sein, die Schrittstellung etwas erweitern. 2 Wiederholungen.

II. Kapitel
Welche Ernährung fit macht und fit hält

Schnell ein belegtes Brötchen zwischendurch, einen Schokoriegel, ein Currywurst am Stehimbiss, dazu eine Cola, die puscht ... – so oder ähnlich sehen die meisten Mahlzeiten vieler Berufstätiger aus. Klar, der Blutzuckerspiegel steigt schnell an, Energien stehen in Null-Komma-Nichts zur Verfügung. Aber ebenso schnell ist alles wieder vorbei. Nachschub wird erwartet. Ansonsten heißt es: Konzentrationsschwäche, Leistungstief und das dringende Gefühl, etwas essen zu müssen. Und schon wieder greift man zum nächsten Riegel, zur Fertigpizza, die es an fast jeder Ecke gibt, oder etwas in der Art. Denn mehr erlaubt die Zeit im Büroalltag oder auf Geschäftsreisen meistens nicht. Abends überkommt einen so richtiger Hunger, hat man doch das Gefühl, den ganzen Tag nichts „Richtiges" zu sich genommen zu haben. Der Teufelskreis nimmt seinen Lauf.

Investierte die deutsche Bevölkerung in den 50er Jahren um die 40 Prozent ihrer Einkünfte in Lebensmittel, so liegt dieser Wert heute bei zwölf Prozent – dafür haben sich die Ausgaben für Freizeitaktivitäten von fünf auf 30 Prozent versechsfacht. Die oft gehörte und gelesene Kritik, dass gesunde Lebensmittel so maßlos teuer sein, ist eine Milchmädchen-Rechnung: Natürlich kosten sie etwas mehr, aber man braucht auch weniger, da sie reicher an Inhaltsstoffen sind und eine Sättigung weitaus früher eintritt. Außerdem sollte man sich vor Augen führen, dass Lebensmittel, wie der Name schon beinhaltet, wichtig für das Leben sind – und zwar für das eigene. Man tankt V-Power in *den neuen Schlitten,* um den Motor nicht zu schädigen, für den Drucker dürfen es nur die für das Modell passenden Patronen sein, damit man ein exzellentes Schriftbild erhält, selbst das Bügeleisen bekommt sein destilliertes Wasser, um die Düsen vor Verkalkung zu schützen – nur der eigene Körper wird mit minderwertigen Kraftstoffen abgespeist? Gleichzeitig aber erwartet man ständige Höchstleistung von ihm ...

Ob Autos, Kleidung, Urlaub oder Inneneinrichtung – hier schauen die meisten auf die Marke und nicht auf den Preis. Einzig bei Lebensmittel sind die Deutschen nach wie vor in ihrem Qualitätsbewusstsein katastrophal: Es ist absolut hipp zurzeit, im Discounter auf Schnäppchenjagd zu gehen. Auch die expandierenden Fast-Food-Ketten können nur deswegen so gut existieren, weil die Nachfrage vorhanden ist. Ein kurzer Blick in den nächsten Schulhof sollte aber sämtliche Alarmglocken im Kopf zum Läuten bringen: Über 50 Prozent der Schüler über zehn Jahre bringen ein paar Pfunde zu viel auf die Waage und 15 Prozent sind bereits richtiggehend übergewichtig. Hier „wächst" sich leider auch nichts mehr aus, wie viele Eltern meinen – außer dem Nährboden für Herz-Kreislauf-Erkrankungen, für eine frühzeitige Alters-Diabetes und Blutdruckprobleme.

> **Tipp:** *Qualität statt Quantität!* Wer diese Devise auf den Essenstisch bringt, der braucht keine Diät mehr. Der Körper wird mit wertvolleren Inhaltsstoffen versorgt, weniger belastet und liefert dafür mehr Energie! Angenehmer Nebeneffekt: Die Geschmacksnerven werden wieder sensibilisiert und aus der nachlässigen Nahrungsaufnahme wird ein sinnlicher Genuss. Schon probiert? Kaufen Sie das nächste Mal statt der Schokoriegel-Packung eine Bio-Banane. Das kostet weniger und sie werden eine Offenbarung erleben!

Neben mangelnder oder überhaupt keiner Bewegung ist falsche Ernährung die eigentliche Todsünde, die zu Übergewicht und zahlreichen Erkrankungen führt. Außerdem: Schlechte Nahrung verursacht Leistungstiefs – statt uns mit Energie zu versorgen. Essen fürs Gehirn oder Brain-Food? Schlagworte, die hier beleuchtet werden sollten. Zuvor noch ein kurzer Verweis auf das „richtige" Gewicht, spielt es doch im Zusammenhang mit Ernährung eine entscheidende Rolle.

Wohlfühlen kontra Diät

Eigentlich geht es in diesem Buch nicht ums Abnehmen. Dennoch sollten Sie einen kritischen Blick in den Spiegel werfen, und zwar so wie Gott Sie schuf. Schauen Sie den nackten Tatsachen ins Auge. Sehen Sie Rundungen, Röllchen und Wölbungen, die Sie eigentlich absolut überflüssig, wenn nicht sogar hässlich finden? Seien Sie ehrlich mit sich selbst! Wie gesagt: Kein Mensch spricht von Modelformen. Aber dafür umso mehr von einem gesunden, athletischen Körper, in dem Sie sich gefallen und vor allem wohl fühlen.

Der Mensch liebt Messbares. Deswegen erfahren Sie einiges über den momentanen Standard der Gewichtsmessung sowie über vorgegebene Richtwerte und deren Aussage.

Gewichtscheck mit dem BMI

Der so genannte Body-Mass-Index gilt heute als Barometer für das Körpergewicht. Eigentlich für statistische Erhebungen von dem belgischen Astronom Adolphe Quételet im 19. Jahrhundert entwickelt, wird heute mit seiner Formel das Körpergewicht bewertet.

$$BMI = \frac{\text{Körpergewicht (kg)}}{\text{Körpergröße (m}^2)}$$

Tipp: *Gleich mal checken!* Sie wiegen also beispielsweise 65,5 Kilogramm und sind 1,69 Meter groß, dann liegt Ihr BMI bei 65,5 : (1,69 x 1,69) = 22,9. Was denken Sie selbst dazu, wenn Sie sich nackt im Spiegel betrachten?

Die Auswertung unterscheidet zwischen Männern und Frauen und berücksichtigt das Alter. Natürlich kann eine solche Tabelle nur ein Maßstab sein.

BMI (kg/m²)	Frau	Mann
Untergewicht	unter 19	unter 20
Normalgewicht	19–24	20–25
Übergewicht	24–30	25–30
Adipositas*	30–40	30–40
Massive Adipositas	über 40	über 40

*Fettsucht, chronische Gesundheitsstörung

Altersgruppe (Jahre)	BMI (kg/m²) – Durchschnittswerte	
	Frau	Mann
19–24	19,5	21,4
25–34	23,2	21,6
35–44	23,4	22,9
45–54	25,2	25,8
55–64	26,0	26,0
über 65	27,3	26,6

Die Tabelle gibt Ihnen einen ungefähren Richtwert. Sie sagt aber nichts darüber aus, wo der Speck möglicherweise sitzt oder welche Statur Sie haben.

Allgemein gibt er als Empfehlung: Liegen Sie im Adipositasbereich, dann ist eine Gewichtsreduktion unumgänglich. Besprechen Sie diese am besten mit Ihrem behandelnden Arzt.

Der mittlere Bereich birgt ein gewisses Gefahrenpotenzial: Was im Fall der Adipositas klar vor Augen liegt, wird bei Normalgewichtigen gerne verharmlost. „Ist ja nur ein bisschen zu viel Bauch oder Po, ein paar Pfunde mehr oder weniger, was soll's …" Und genau diese Pfunde sind langfristig gesehen gewichtig für Ihre Gesundheit. Aber mit einer gesunden Ernährung und ausreichend Bewegung bekommen Sie diese Belastung dauerhaft los!

Tipp: *Böse Sache:* Sie sind als der Meinung, Sie hätten „nur" zwei oder drei Kilogramm zu viel? Dann sind Sie doch sicher dazu bereit, ab sofort, tagein tagaus, wo Sie gehen und stehen zwei Flaschen Wein oder ein Netz Orangen mit sich herumzutragen. Das entspricht nämlich in etwa Ihrem kleinen Übergewicht.

Nehmen wir die Körperfettverteilung ins Visier: Während Frauen eher zur Birnenform neigen, mit Rundungen an Po, Hüfte und Oberschenkeln, tendieren Männer mehr zum Apfeltyp und verteilen Überflüssiges an Bauch und um die Taille. Das ist nicht ungefährlich, da das Bauchfett nachweislich Herz-Kreislauf-Erkrankungen, Diabetes und Bluthochdruck-Probleme begünstigt. Deshalb sollte begleitend zu einer BMI-Rechnung die so genannte Waist-to-hip-Ratio durchgeführt werden.

Tipp: Überprüfen Sie Ihr Taille-Hüft-Verhältnis. Es geht ganz einfach: Der Taillenumfang wird durch den Hüftumfang geteilt. Bei Frauen sollte der Wert unter 0,85 liegen, bei Männern unter 1. Die Verhältnismäßigkeit gibt Auskunft über den Bauchfettanteil und zeigt Ihnen, wo Sie Ihre Pfunde verlieren sollten. Die zusätzliche Warnung von Medizinern lautet: „Frauen mit 80 und Männer mit 94 Zentimeter Nabelumfang sollten versuchen, nicht weiter zuzunehmen. Frauen mit einem Nabelumfang von 88 Zentimeter und Männer mit 102 Zentimeter sollten ihr Gewicht reduzieren ...". Entsprechende Übungen (siehe 7-Wochen-Programm, Seite 90) helfen bei dem Abnehmprogramm.

Formmessung mit Waist-to-hip-ratio (WHR)

Wichtig ist diese Messung vor allem deswegen, um das gefährliche Bauchfett in den Griff zu bekommen. Dieses setzt sich nämlich anders zusammen als andere Fettpölsterchen. Es ist ziemlich stoffwechselaktiv und setzt damit Fettsäuren frei, die in der Leber in das gefährliche LDL-Cholesterin umgewandelt werden (siehe Seite 68). Diese begünstigt Ablagerungen in den Adern (Plaque), die zu Verkalkungen führen.

Tipp: Lieber zwei Zentimeter weniger Bauchumfang als zwei Kilogramm weniger auf der Waage!

Hilfsmittel Körperfettwaage

Körperfett kann nicht mit dem bloßen Auge gesehen und nicht mit einer normalen Waage gemessen werden. Es gibt Menschen, die sehr dünn sind, einen niedrigen BMI haben, aber deren Körperfettanteil dennoch sehr hoch ist.

Die Körperfettwaage misst den Fettanteil im Gewebe durch die so genannte bioelektrische Impedanzanalyse (BIA). Ein Wechselstrom (keine Sorge, er liegt im nicht spürbaren Bereich zwischen 500 bis 800 µA bei 50 kHz) durchdringt sämtliche Geweberäume des Körpers und gibt, aufgrund der unterschiedlichen Leitfähigkeit der vorhandenen Flüssigkeit, Auskunft über ihre Beschaffenheit. Knochensubstanz und Muskeln sind natürlich anders zusammengesetzt als Fettgewebe, das kein Wasser einlagert. Der Widerstand, den der Wechselstrom dabei durchdringt (in der Physik spricht man von Impendanz) gibt Auskunft über den Flüssigkeitsanteil. Das wasserfreie Fettgewebe liefert einen höheren Widerstand als andere Gewebearten. Die Waage zeigt den Gesamtwiderstand an, der ansteigt, je mehr Fetteinlagerungen vorhanden sind.

Die Gesamtkörperflüssigkeit hängt wiederum sehr eng mit der so genannten fettfreien Masse (FFM) zusammen. Hat die Waage nun durch die Gesamtkörperflüssigkeit indirekt auch die fettfreie Masse bestimmt, so errechnet sich die Gesamtfettmasse des Körpers aus der Differenz von Körpergewicht und dieser fettfreien Masse. Teilt man diesen Wert durch das Körpergewicht und multipliziert ihn mit Hundert, erhält man den Körperfettanteil in Prozent. Das hört sich kompliziert an, ist es aber nicht, denn die Waage übernimmt diese Rechenarbeit.

Anhand der folgenden Tabelle können Sie herausfinden, in welchem Bereich Sie sich befinden. Zu beachten ist, dass man sich immer unter möglichst gleichen Bedingungen misst, da der Wasserhaushalt des Menschen Tageszeit bedingt unterschiedlich ist.

Welcher Körperfettanteil ist gesund?

	exzellent	gesund	erhöhtes Risiko	stark erhöhtes Risiko
Frauen (Jahre)				
20–39	19,9	22,9	26,0	30,6
40–59	24,9	28,2	31,7	35,3
über 60	27,3	30,9	34,2	38,0
Männer (Jahre)				
20–39	13,7	17,1	20,8	24,6
40–59	18,7	22,0	25,2	27,8
über 60	20,3	23,5	26,7	29,8
Das sagt die Medizin.	Hier ist alles bestens.	Normales Gewicht, alles in Ordnung.	Sie haben eventuell bereits etwas Übergewicht.	Sehr starkes bis massives Übergewicht! Eine ärztliche Behandlung ist dringend zu empfehlen.

In Europa verliert ein erwachsener Mensch durchschnittlich 250 Gramm Muskelgewebe pro Jahr und baut dafür ca. 750 Gramm Fettgewebe auf. Hochgerechnet hat ein 65-jähriger Mensch dann 18 Prozent mehr Fett als er es mit 25 Jahren hatte – ohne auch nur ein einziges Kilogramm zugenommen zu haben.

Exkurs: Wie es noch zu vermehrtem Körperfett kommt

Im vorigen Kapitel haben Sie erfahren, was Stress im Körper und im Gehirn verursacht (siehe Seite 12). Ein weiteres Stressprogramm für den Körper sind Diäten, vornehmlich von Frauen durchgeführt, aber mittlerweile auch von immer mehr Männern angegangen. Die Gewichtsabnahme, die eine Diät zweifellos mit sich bringt, hält leider meistens nicht lange vor: Allzu oft tritt der Jojo-Effekt ein und alle Pfunde sitzen in Kürze wieder auf den Hüften – oft sogar noch mehr. Wie es dazu kommt ist ganz einfach: für den logisch agierende Körper ist eine Diät ein Not- und Ausnahmezustand. Er schaltet alle Funktionen auf Sparprogramm, die darauf ausgerichtet sind, zuerst einmal das Gehirn zu versorgen. Die notwendige Glukose wird bereitgestellt. Und die ist eben besser aus Muskeln und in Kochen abbaubar als aus Fettgewebe. So verliert man Muskelmasse, natürlich auch Wasser und nimmt dies erfreut als Gewichtsreduktion auf der Waage zur Kenntnis. Vom Fettgewebe ist aber kaum etwas verloren gegangen, wie ein Schritt auf die Fettwaage enthüllt. Irgendwann geht der Körper natürlich auch an die Fettdepots – aber erst nach einer ziemlich langen Zeit. Nun ist der Körper aber auch nicht dumm: Hat er einmal eine solche Mangelzeit überstanden, dann richtet er vorsichtshalber Depots ein – man weiß ja nie! Für die nächste Diät ist er bestens gewappnet: Entsprechende Speicher stehen zur Verfügung, und das ist das „noch mehr", was man häufig nach einer Diät an Gewicht zunimmt. Leider nimmt zusätzlich auch der allgemeine Energiebedarf (siehe Seite 27) ab, denn Fettgewebe benötigt weitaus weniger Versorgungsenergie als Muskelmasse. Und die hat man sich ja bei einer Diät heruntergehungert. Als Richtwert gilt, dass jedes verlorene Pfund Muskelmasse den täglichen Energieverbrauch um 50 bis 100 Kilokalorien verringert. Daher heißt das Motto: Ernährungsumstellung plus Bewegung sorgen für einen gesunden – und vor allem leistungsfähigen – Körper.

Einflüsse der Ernährung auf das Gehirn

Im letzten Kapitel haben Sie bereits von den Zusammenhängen zwischen Bewegung und Gehirnleistung gelesen. Auch was die Ernährung, also die Energiebereitstellung des Körpers anbelangt, gibt es natürlich Zusammenhänge. Und die erklären sich über die Verwertungsmaschinerie der zugeführten Nahrung im Körper. Das Hormon Insulin (siehe Kapitel I, Seite 20) ist maßgeblich an dieser Arbeit beteiligt.

Hier geht es auch nicht um eine Diät, denn diese ist für den Körper nur der Ausnahmezustand, den es listenreich zu umgehen bzw. zu überdauern gilt. Sie sollen sich in Ihrer Haut wohl fühlen – und zwar in jeder Lebenssituation.

Aufgrund dessen wollen wir die einzelnen Nahrungsbausteine – Kohlenhydrate, Fette und Eiweiß – genauer betrachten, gerade im Hinblick auf die körperliche wie auch geistige Leistungsfähigkeit.

Kohlenhydrate – Zucker fürs Gehirn

Sie sind aus ernährungswissenschaftlicher Sicht die Energieträger, die man besonders im Auge haben sollte. Zuviel Fette oder Eiweiße machen dick – bei Kohlenhydraten ist das nicht so einfach und pauschal zu sagen.

Aus Kohlenhydraten entwickelt der Körper die lebenswichtige Glukose. Das ist der Zucker, den die meisten Zellen benötigen – die Gehirnzellen beispielsweise werden ausschließlich mit Glukose beliefert. Aber Zucker ist nicht gleich Zucker. Und aus ihm kann Körperfett werden.

Wird dem Körper Nahrung in Form von Kohlenhydrate zugeführt, dann werden diese in einem komplizierten Verfahren über die Leber in Glukose umgewandelt. Sind Körperzellen unterversorgt, melden sie dies an das Gehirn. Das Gehirn gibt den Befehl, die vorhandene Glukose den Körperzellen zuzuführen – dafür wird Insulin ausgeschüttet, damit die Glukose sicher auf den Weg gebracht wird und Einlass in die Zellen findet.

Körperzellen – Kraftwerke des Lebens

Der Körper besteht aus ungefähr 60 Billionen Zellen – eine schier unermessliche Zahl. Hinzu kommen noch um die 100 Milliarden Gehirnzellen. So unterschiedlich ihre Funktionen im Gesamtkomplex „Körper" auch sind: Sie alle haben die Befähigung mittels zugeführter Nährstoffe ihre „Arbeit" zu verrichten, das heißt bei unserem Beispiel die zugeführte Glukose umzuwandeln. Zellen können sich zudem teilen, also für ihre eigene Nachkommenschaft sorgen, wie auch zusätzliche Zellen aufbauen. Das passiert bei regelmäßigem Krafttraining mit Muskelzellen. Damit dieses hoch komplizierte Gefüge nicht gestört wird, schützt die Zellmembran vor Eindringlingen. Außer Wasser, Sauerstoff und Hormone lässt sie erst einmal nichts durch. Und so kommt das Insulin als wichtiger „Türöffner" ins Spiel. Nur mit Hilfe dieses Hormons erhalten die zugeführten Nährstoffe Einlass in die Zelle und können dort verstoffwechselt werden, also zu Energie umgewandelt werden, welche die Zelle wieder nach außen hin abgibt.

Die Stoffwechselarbeit ist – wie so viele andere Dinge im Leben auch – an die Qualität des Ausgangsproduktes geknüpft. Es gibt unterschiedliche Kohlenhydrate, die dementsprechend unterschiedlich viel oder wenig Energie für den Körper zur Verfügung stellen. Man unterscheidet die Kohlenhydrate in:

- Einfach Kohlenhydrate: Sie sind in Zucker und Weißmehlprodukten zu finden und treiben den Blutzuckerspiegel in Rekordzeit nach oben. Genauso schnell flacht er allerdings wieder ab. Wir haben wieder Hunger.
- Komplexe Kohlenhydrate: Vollkornprodukte und Gemüse beinhalten diese sich langsam aufspaltenden Energieträger, die eine lange anhaltende Versorgung gewährleisten.
- Ballaststoffe: Sie sind in Vollkorn oder in pflanzlichen Faserstoffen enthalten. Ballaststoffe werden nahezu komplett wieder ausgeschieden und sind dennoch lebensnotwendig – kein Widerspruch, wie Sie auf Seite 66 erfahren werden.

Das ist noch nicht alles: Wenn ein Mensch Nahrung zu sich nimmt, rollt die Maschine der Verarbeitung an – egal welcher Art die zugeführte Nahrung ist: So wird das komplette Umwandlungsprogramm inklusive Hormonbereitstellung bei minderwertigen wie auch bei hochwertigen Lebensmitteln in die Gänge gesetzt. Dass das auf Dauer nicht gut gehen kann, liegt klar auf der Hand.

Kohlenhydrate im Wandel
Kohlenhydrate werden im Körper in Zucker umgewandelt. Hier die Formen des Zuckers:
Einfachzucker
- Glukose (Traubenzucker)
- Fruktose (Fruchtzucker)
- Galaktose (Schleimzucker)
Zweifachzucker
- Saccharose (Haushaltszucker): Fruktose + Glukose
- Maltose (Malzzucker): Glukose + Glukose
- Laktose (Milchzucker): Galaktose + Glukose
Mehrfachzucker
- Polysaccharide (z.B. Stärke): Glukose
- unverdauliche Pflanzenfasern
Wichtig zu wissen: Je mehr Traubenzuckeranteile eine Zuckerform enthält, desto höher liegt der GLYX (mehr dazu auf Seite 64) und desto schlechter ist das für Ihren Blutzuckerspiegel.

Was bei zu viel einfachen Kohlenhydraten passiert

Einfache oder kurzkettige Kohlenhydrate, wie sie in Zucker und Weißmehlprodukten vorkommen, sind das eigentliche Übel in der Familie der Kohlenhydrate. Sie werden im Körper in Windeseile in Glukose umgewandelt, Insulin steht dementsprechend ebenfalls sofort bereit und jagt den Blutzuckerspiegel nach oben (siehe Grafik, Seite 63). Aber genauso schnell wie der Blutzuckerspiegel einen Spitzenwert erreicht hat, flacht er auch wieder ab – was der Körper mit einem Hungergefühl und/oder Mattigkeit quittiert. Also wird neue Nahrung aufgenommen und ebenso schnell den Zellen mit Hilfe des Insulins zur Verfügung gestellt. Die Folge: Der Blutzuckerspiegel (also die messbare Höhe der Glukose im Blut) erlebt eine Berg- und Talfahrt, gleiches gilt für die Insulinproduktion. Diese findet immer dann statt, wenn viel Zucker im Blut ist, um ihn weiterzuleiten. Erhalten die Zellen fortwährend Zucker lassen sie ihn nicht mehr hinein, wenn sie gesättigt sind. Das Resultat: Zucker und Insulin bleiben im Blut, das heißt der Blutzuckerspiegel bleibt dauerhaft erhöht. Aber noch schlimmer: Nach einer gewissen Gewöhnungszeit werden die Zellen regelrecht „insulinresistent" – das dauerhafte Angebot macht sie immun gegen dieses Hormon. Mit der Folge, dass die Zellen nach einiger Zeit unterversorgt sind. Sie benötigen eigentlich den Zucker, der fortwährend im Blut samt Insulin zirkuliert, können ihn bloß nicht mehr aufnehmen, da sie den ehemaligen Türöffner Insulin nicht erkennen. Nun folgen Signale ans Gehirn, das wiederum den Befehl an die Bauchspeicheldrüse erteilt, doch gefälligst mehr Insulin zu produzieren. Was diese dann auch macht. Noch mehr Insulin, ein hoher Blutzuckerspiegel und unterversorgte Organzellen sind das Resultat – und damit eine Diabetes II.

Komplexe Kohlenhydrate

Sie sind das Gegenteil der schnellen Verwandtschaft: Ihre komplexe Struktur macht dem Körper bei der Verarbeitung ganz schön zu schaffen. Bereits 30 Prozent der zugeführten Energie wird für die Umwandlung in Glukose benötigt. So dauert es geraume Zeit, bis sie verdaut sind. Vorteil: Wir haben ein lang anhaltendes Sättigungsgefühl. Der Blutzuckerspiegel wächst langsam und nur flach an. Die Insulinausschüttung ist relativ gering und vor allem gleichmäßig.

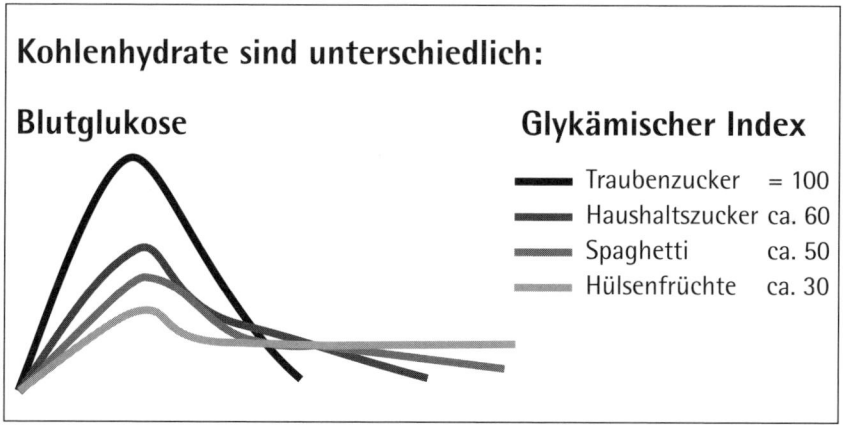

Kohlenhydrate sind unterschiedlich:

Blutglukose

Glykämischer Index

— Traubenzucker   = 100
— Haushaltszucker ca. 60
— Spaghetti   ca. 50
— Hülsenfrüchte   ca. 30

Traubenzucker gibt rasch Energie, aber der Blutzuckerspiegel fällt auch rasch wieder. Komplexe Kohlenhydrate hingegen halten länger vor.

Der Glykämische Index

Um Nahrungsmittel zu bestimmen, die den Blutzuckerspiegel niedrig halten, wurde der Glykämische Index des jeweiligen Lebensmittels bestimmt. Im allgemeinen Sprachgebrauch wird er ein wenig stiefmütterlich, bzw. unsachgemäß verwendet.

Hier die wissenschaftlich korrekte Erklärung: Der GI oder GLYX (Glykämischer Index) beschreibt die Blutzuckerreaktion auf die Einnahme von Lebensmitteln – und damit indirekt auch die Insulinausschüttung. Er gibt also Auskunft über den Anstieg des Blutzuckerspiegels auf das eingenommene Nahrungsmittel. Genau hier passieren oft Fehler in der GLYX-Angabe: Der GLYX geht nämlich von einem Kohlenhydratwert aus, der in Verhältnis zu Traubenzucker gesetzt wird. Er ist definiert als die relative Fläche unter der 2-Stunden-Blutzuckerkurve nach Einnahme von 50 Gramm Kohlenhydrate im Vergleich zur Fläche nach dem Verzehr von 50 Gramm reinem Traubenzucker, dem man als Orientierungspunkt einen GLYX-Wert von 100 zuschreibt (siehe Kurve oben). Er sagt also eigentlich nichts über den Gehalt an Kohlenhydraten in einer Portion eines bestimmten Lebensmittels aus. Dafür gibt es dann die so genannte Glykämische Ladung, GL. Diese berücksichtigt sowohl den GI der Lebensmittel als auch den Kohlenhydratgehalt der jeweiligen Portionen. Damit ist eigentlich die GL die für unseren Alltag wichtige Maß- und Messeinheit. Sie errechnet sich folgendermaßen:

$$GL = \frac{GLYX}{100 \times (\text{KH-Menge je 100 g Lebensmittel})}$$

Glykämischer Index und glykämische Ladung einiger Lebensmittel				
Lebensmittel	GLYX	Portion	KH / Portion	GL
Apfel, Birne	38	125 g	16 g	6
Möhren	71	100 g	5 g	3,5
Roggenvollkornbrot	52	50 g	20 g	10
Pumpernickel	51	50 g	21 g	11
Banane	60	100 g	20 g	12
Weizenvollkornbrot	69	50 g	21 g	14
Baguette	70	100 g	48 g	34
Weißbrot	70	50 g	24 g	17
Kartoffel, neu, gekocht	62	200 g	32 g	20
Pasta, gekocht	40	200 g	64 g	26
Kartoffel, gebacken	85	200 g	32 g	27
Pommes frites	75	150 g	47 g	35
Milchschokolade	60	100 g	54 g	32
Traubenzucker	100	100 g	50 g	50

Dazu gelten folgende Richtlinien: GL bis 10 niedrig; GL 11 bis 19 mittel; GL über 19 hoch.

Anhand der Tabelle ist ersichtlich, dass beispielsweise Milchschokolade und Banane den gleichen GLYX-Wert haben. Da sie aber unterschiedliche Kohlenhydratwerte pro Portion haben, kommt eine völlig andere Glykämische Ladung heraus. Damit dürfte klar sein, wie eine Zwischenmahlzeit in Zukunft beschaffen sein sollte ... Oder, um das Ganze anders herum zu rechnen: Um 50 Gramm Kohlenhydrate bei der Einnahme von Möhren zu sich zu nehmen, müssten Sie ein ganzes Kilogramm Möhren verzehren. Hingegen sind Sie mit einem 104-Gramm-Stück Baguette bereits beim gleichen Blutzuckerwert angekommen – und sicher nicht satt.

Darüber hinaus hängt die tatsächliche Blutzuckerreaktion auch stark davon ab, in welcher Kombination Lebensmittel verzehrt werden. Aus dem GLYX der einzelnen verwendeten Zutaten kann man den Wert eines Gerichts nicht erkennen. Bei einigen Lebensmitteln weiß man sogar um ihre Blutzucker senkende Wirkung, wie zum Beispiel Kleie, Grapefruit oder Zimt. Der Einfluss des Fettgehalts eines Lebensmittels auf den Blutzuckereffekt spielt hingegen nur eine untergeordnete Rolle.

Ballaststoffe

Ballaststoffe werden nahezu vollständig wieder ausgeschieden. Wozu dann überhaupt Ballaststoffe essen? Sie dienen dem sensibelsten unserer Organe, dem Sitz des Immunsystems: dem Darm. Außerdem helfen sie mit, den Cholesterinspiegel zu regulieren: Sie befördern das schlechte LDL-Cholesterin (siehe Seite 68) aus dem Körper hinaus. Und: Ballaststoffe sättigen lang anhaltend bei einem niedrigen Blutzuckerspiegel.

Fazit

Empfehlenswert sind also Vollkornprodukte, nach Möglichkeit ungesüßt. Gemüse und Obst sind ebenfalls Energiebringer, da sie zudem noch die nötige Menge an Vitaminen und Mineralstoffe mit sich bringen. Sie stellen dem Körper eine lange Zeit wertvolle Energie zur Verfügung, das heißt, Sie sind leistungsfähig und fit, denn das Gehirn ist optimal versorgt.

Fett – Schutzschild für die Zellen

Fett ist der energiereichste Nährstoff: Mit 9,3 Kilokalorien pro Gramm (zum Vergleich: Kohlenhydrate und Eiweiß liefern nur 4,1 Kilokalorien pro Gramm) sorgt er für Power, aber auch – falsche Fette und noch dazu im Übermaß genossen – für ein Zuviel an Körpergewicht. Kulinarisch gesehen ist Fett der Geschmacksträger schlechthin. Bestimmte Vitamine, wie Vitamin A und D, und Hormone können erst mit Hilfe von Fett aufgespalten bzw. erstellt und für den Körper verfügbar gemacht werden. Zellen könnten ohne Fett nicht ihre schützenden Zellmembranen erstellen, die gesamte Immunabwehr liefe Gefahr.
Das Problem liegt in der Art des Fettes: Wie bei Kohlenhydraten, gibt es auch hier Unterscheidungen, die gewichtig sind – oder werden.
Ganz allgemein unterscheidet man zwischen pflanzlichen und tierischen Fetten sowie Fetten von Meeresfischen. Fette werden von der Gallenflüssigkeit in Fettsäuren und Glyzerin aufgespaltet und über das Blut an ihren Bestimmungsort gebracht.

Gesättigte Fette

In tierischen Fetten sind hauptsächlich gesättigte Fettsäuren zu finden. Dieses Fett erkennt man daran, dass es bei Raumtemperatur fest ist. Ihr großer Nachteil liegt eigentlich darin, dass sich gesättigte Fette in zu vielen Nahrungsmitteln finden, wir also einfach zu viel davon abbekommen. Wurst, Käse, Kuchen, Chips und zahlreiche Milchprodukte enthalten dieses preisgünstige Fett als Geschmacksträger und/oder als Bindemittel.

Sie sind nicht essentiell, das heißt eigentlich nicht lebensnotwendig, da sie der Körper– in der niedrigen Dosis, in der er sie benötigt –, selbst herstellen kann. Kurz: Wir führen mit diesen Fetten dem Körper etwas zu, das er eigentlich nicht braucht. Leider kann er es auch nicht einfach entsorgen, das bedeutet: Der Blutfettspiegel steigt an, Gefäßwände werden nicht aufgebaut sondern geschädigt.

Ungesättigte Fette

Das Gegenteil der gesundheitsschädigenden gesättigten Fette: Ungesättigte Fette sind in Pflanzen, aber auch in Meeresfischen vorhanden. Sie werden vom Körper benötigt, da er sie nicht selbst herstellen kann. Ungesättigte Fette sind also essentiell.

Sie liefern einfach gesättigte und mehrfach ungesättigte Fettsäuren (siehe Grafik), die unter anderem vom Gehirn und den Nerven zur Energiesicherung benötigt werden.

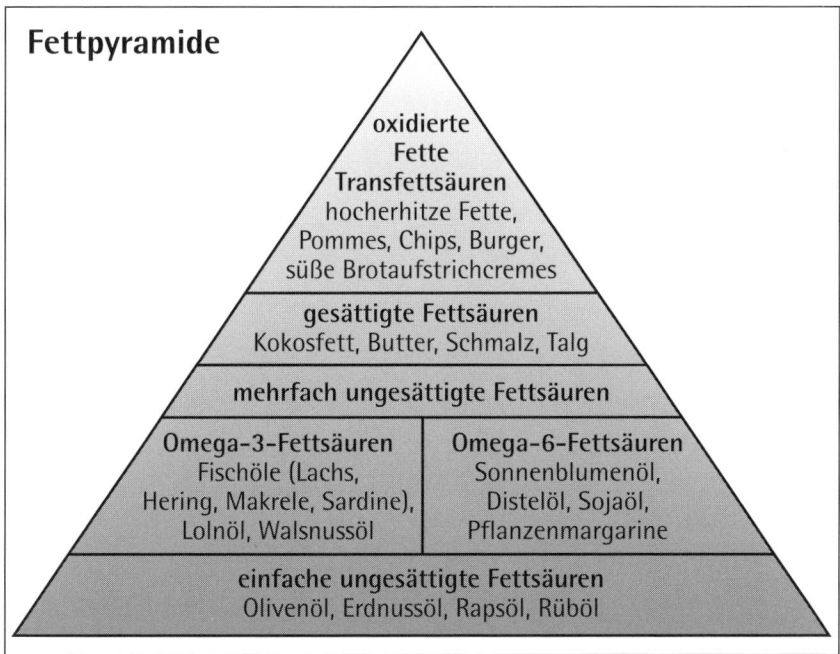

Fettpyramide

oxidierte
Fette
Transfettsäuren
hocherhitze Fette,
Pommes, Chips, Burger,
süße Brotaufstrichcremes

gesättigte Fettsäuren
Kokosfett, Butter, Schmalz, Talg

mehrfach ungesättigte Fettsäuren

Omega-3-Fettsäuren
Fischöle (Lachs,
Hering, Makrele, Sardine),
Lolnöl, Walsnussöl

Omega-6-Fettsäuren
Sonnenblumenöl,
Distelöl, Sojaöl,
Pflanzenmargarine

einfache ungesättigte Fettsäuren
Olivenöl, Erdnussöl, Rapsöl, Rüböl

Einfach ungesättigte Fettsäuren sollten den Hauptteil ihres Fettkonsums ausmachen.

Gutes und böses Cholesterin

Das Gehirn, Nerven und überhaupt sämtliche Zellen benötigen Fette, Lipide genannt. Fette werden in Fettsäuren und Glyzerin aufgespalten und gelangen über die Blutbahnen an ihr Ziel. Da sie aber nicht wasserlöslich sind und damit nicht verwertbar wären für eine Zelle, verbinden sie sich mit wasserlöslichen Eiweißen (Lipoproteine). Je mehr Eiweiß und je weniger Fett diese Zweckgemeinschaft enthält, desto kleiner und dichter wird sie. Man spricht dann vom „guten" Fett, den „high density lipoproteins" – HDL. Umgekehrt (mehr Fett und weniger Eiweiß, also weniger Dichte) hat man es mit dem „bösen" Fett, den „low density lipoproteins" –LDL – zu tun. Bei einer ausgewogenen Ernährung werden die wichtigen Fettsäuren mit Hilfe der „guten" Fette an ihren Bestimmungsort gebracht, dort verarbeitet und entstandene Abfallreste vom HDL abtransportiert. Hat nun eine Zelle genug Fett bekommen, dann nimmt sie kein neues mehr auf. Überflüssiges Cholesterin bleibt somit im Blut und erhöht dort den Blutfettgehalt. Unser Körper lagert es – in gewohnter Hamstermanier – an den Wänden der Blutgefäße ab. Diese Ablagerungen verursachen Einengungen, die Blutbahn hat nicht mehr den Durchmesser, den sie früher mal hatte. Das Blut muss nun mit weitaus mehr Druck durch die Adern gepumpt werden. Die Folge: Arteriosklerose, erhöhter Blutdruck, Herzinfarkt-Risiko.

Während die Zufuhr an gesättigten Fettsäuren überprüft werden muss, unterstützen die ungesättigten Fettsäuren sogar den Cholesterin-Abbau: So senkt beispielsweise Olivenöl das LDL-Cholesterin im Blut ohne negativ auf das gute HDL einzuwirken.

Fette im Überblick – 100 Gramm Lebensmittel und Gramm-Angabe Fett			
Rapsöl	100,0 g	Haselnüsse	61,0 g
Weizenkeimöl	100,0 g	Crème fraîche	40,0 g
Palmöl	99,8 g	Camembert, 60% F.i.Tr.	34,0 g
Sonnenblumenöl	99,8 g	Schlagsahne	31,7 g
Olivenöl	99,6 g	Appenzeller, 50% F.i.Tr.	31,6 g
Butterschmalz	99,5 g	Doppelrahmfrischkäse	31,5 g
Butter	83,2 g	Thunfisch in Öl	31,3 g
Margarine (pflanzlich)	80,0 g	Studentenfutter m. Erdnüssen	31,1 g
Mayonnaise	78,9 g	Aal, geräuchert	28,6 g
Walnüsse	62,0 g	Aal	24,5 g

Fazit

Für den täglichen Bedarf empfiehlt sich die – mäßige – Verwendung von mehrfach ungesättigten Fettsäuren, also von gesunden Fetten. „Berühmt" wurden diese Fette übrigens durch die so genannten Mittelmeerdiät, deren Grundbaustein Olivenöl ist, das aber in Maßen und in Kombination mit reichlich Gemüse und Obst verzehrt wird.

Eiweiß – Leistungsträger und Grundbaustein des Lebens

Sie sind die Grundbausteine allen Lebens auf unserem Planeten – ohne Eiweiße geht nichts. Chemisch betrachtet sind Eiweiße eine Verbindung aus Kohlen-, Wasser-, Sauer- und Stickstoff. Nimmt man Eiweiße mit der Nahrung zu sich, werden sie vom Körper in Aminosäuren aufgespalten und mit ihrer Hilfe dann in körpergerechtes Eiweiß umgewandelt. Dafür benötigt er 22 verschiedene Aminosäuren. Die meisten kann er selbst herstellen, neun davon müssen regelmäßig über die Nahrung zugeführt werden. Das sind die essenziellen Aminosäuren, also die lebenswichtigen. Nur wenn wir sie regelmäßig zu uns nehmen, bleiben wir gesund und leistungsfähig. Denn Eiweiße ermöglichen überhaupt erst Stoffwechselvorgänge, Muskelbewegungen (unter anderem auch die des Herzmuskels) oder Signalübertragungen im Gehirn. Auch Reparaturarbeiten an den Zellen sind nur mit Hilfe von Eiweißen möglich. Der Körper geht an die teuren Eiweißreserven erst dann, wenn – und zwar in dieser Reihenfolge – erst die Kohlenhydratspeicher und dann die Fettspeicher geleert sind. Wenn sie einer Kraft raubenden Tätigkeit nachgehen, sind sie schnell verbraucht und müssen ständig zugeführt werden. Zwar schlagen sie kalorienmäßig nicht mehr zu Buche als Kohlenhydrate, dennoch ist auch hier der Lieferant entscheidend. Wird beispielsweise dem Muskelgewebe zu viel tierisches Eiweiß zugeführt, dann wird es im Bindegewebe und in den Gelenken abgelagert, wo eine Übersäuerung beziehungsweise Gicht hervorgerufen werden kann. Da eiweißreiche Nahrung auch immer einen hohen Anteil an Fetten enthält – und in tierischen Produkten an gesättigten Fettsäuren – ist auf eine umsichtige Eiweiß-Auswahl zu achten.

Eiweiß ist sowohl in pflanzlicher wie auch tierischer Nahrung vorhanden. Selbstverständlich sind auch hier Lieferant und Qualität von Bedeutung.

Da tierisches Eiweiß vom Körper besonders gut verwertet werden kann – es ähnelt in seiner Struktur sehr dem menschlichen Eiweiß – sollte es täglich eingenommen werden. Fisch hat sich dabei besonders gut bewährt, besser als Sojaprodukte oder Fleisch. Sein Eiweiß kann vom Körper nahezu komplett auf- und übernommen werden. Aber auch ein gutes, und damit ist ein kontrolliert biologisches Hühnerei gemeint, verfehlt seine positive Wirkung auf den Eiweißhaushalt nicht. Milch und Käse komplettieren das Programm. Pflanzliche Eiweiße haben den Vorteil, dass sie zumeist fettfrei sind: Hier stehen vor allem Sojabohnen und andere Hülsenfrüchte an oberster Stelle der Hitliste. Während eine Unterversorgung an hochwertigem Eiweiß zu körperlichem und geistigem Leistungsabfall führt, das Immunsystem angreift und den Alterungsprozess deutlich beschleunigt, bringt eine Überversorgung den Kalziumhaushalt durcheinander, strapaziert Nieren und Leber und kann zu Gicht führen.

Fazit

Empfehlenswert ist eine ausgewogene Mischung an Eiweißen. Der Mensch ist auf eine Nahrungskombination von Fleisch, Fisch, Milchprodukten, Gemüse und Obst – Aprikose, Banane, Birne und Trauben – ausgerichtet.

Die wichtigsten Vitamine und Mineralstoffe für den Kopf

Sie liefern zwar keine Energie, sind aber dennoch lebenswichtig. Diese kleinsten Bausteine haben es in sich: Wie das Wort Vita-mine schon sagt, haben sie mit vita = Leben zu tun. Ohne sie wären wir sehr bald mangelernährt und kurz darauf würde der Stoffwechsel völlig zum Stillstand kommen.

Es gibt zwei Arten von Vitaminen, die wir mit der Nahrung aufnehmen: Die wasserlöslichen Vitamine (Vitamine B und C) verteilen sich auf alle wasserhaltigen Bereiche des Körpers, wie zum Beispiel auf das Blut oder den Raum zwischen den Zellen. Ein Überschuss an wasserlöslichen Vitaminen wird ausgeschieden, da sie vom Körper nicht gespeichert werden können. Nur Vitamin B 12 kann wie die fettlöslichen Vitamine in der Leber gelagert werden.

Die fettlöslichen Vitamine A, E, D und K halten sich in Geweben wie der Zellmembran und in einigen Organen auf. Damit sich diese Vitamine in den wässrigen Gebieten des Körpers fortbewegen können, benötigen sie als Transportmittel einen Hilfsstoff, der sie umhüllt.

Im Folgenden werden Ihnen die wichtigsten Vitamine und Mineralstoffe vorgestellt, die ein leistungsfähiger Körper benötigt. Natürlich braucht er die anderen ebenfalls, um funktionieren zu können. Hier wird aber der Schwerpunkt auf einige ausgewählte gelegt, da sie exemplarisch für Power stehen.

> ### *Freie Radikale und Antioxidantien*
> Freie Radikale entstehen, wenn unsere Zellen Nahrung und Sauerstoff in Energie umwandeln. Sie sind sozusagen der Abfall dieses Vorgangs. Je mehr die der Zelle zugeführte Nahrung mit für sie nicht verwertbaren Substanzen versetzt ist, umso größer wird der „Abfallhaufen". Diese nicht verwertbaren Substanzen sind zum Beispiel chemische Zusätze (wie Antibiotika, die über das Tierfutter in unseren Sonntagsbraten gelangen) oder andere Giftstoffe wie Alkohol und Nikotin.
> Antioxidantien sollen helfen, diesen „Abfall" rasch und komplett abzutransportieren. Passiert das nicht, kann der im Blut verbleibende „Müll" erhebliche Schäden anrichten. Antioxidantien kann der Körper aber nur dann herstellen, wenn ihm bestimmte Vitamine ausreichend zur Verfügung stehen. Auch beim Stoffwechselprozess in der Zelle, und damit beim Ausscheiden der Freien Radikale, sind Vitamine maßgeblich beteiligt. Für die

Zelle bedeutet das, weitaus weniger Energie in den Abbau der schädlichen Freien Radikale stecken zu müssen. Die Energiereserven stehen dem Körper voll und ganz zur Verfügung.

Vitamin A (Retinol, Axerophtol)

Dieses lebensnotwendige fettlösliche Vitamin muss der Mensch mit der täglichen Nahrung aufnehmen, da er es nicht selbst herstellen kann.

Vitamin A kann vom Körper nur in Kombination mit Fett genützt werden. Sein Sitz ist zu 90 Prozent in der Leber, wo für die schnelle Verwertung gesorgt wird und es über das Blut in die entsprechenden Zellen geleitet wird.

Vitamin A hat eine stabilisierende Wirkung auf unser Immunsystem. Außerdem ist es für den Sehvorgang sowie für den Aufbau der Haut, Schleimhäute und des Knorpelgewebes unerlässlich.

Menschen mit einem grundsätzlich labilen Abwehrsystem sollten auf eine ausreichende Vitamin-A-Zufuhr achten. Die Ursache für häufige Entzündungen der Atemwege und des Magen-Darm-Traktes (auch chronischen Entzündungen) kann eine Vitamin-A-Unterversorgungen sein. Personen, die sich einseitig oder falsch ernähren, sind besonders gefährdet. In der Präventivmedizin wird Vitamin A als Schutz vor Herz-Kreislauf-Erkrankungen eingesetzt.

Bestimmte Nahrungsmittel liefern Vitamin A in Reinform, zum Beispiel Seefisch, Leber und Milchprodukte. Margarinen wird in der Regel mit Vitamin A angereichert. Rein pflanzliche Nahrungsmittel bieten in dieser Form kein Vitamin A. Der empfohlene Tagesbedarf liegt bei ca. 0,9 µg.

Vitamin A reagiert empfindlich auf Wärme, Licht und Luft (O_2), die entsprechenden Lebensmittel werden leicht ranzig. Die Kochverluste liegen zwischen 20 und 40 Prozent.

Tipp: Alle Vitamin-Bedarfsangaben sind ungefähre Richtwerte der deutschen Gesellschaft für Ernährung.

Beta-Karotin – Provitamin A

Es gilt als die Vorstufe von Vitamin A. Karotinoide werden hauptsächlich im Dünndarm aufgespalten und an die entsprechenden Zellen abgegeben. Auch Beta-Karotin ist ein natürliches Antioxidanz für den Zellschutz und damit ein wichtiger Radikalenfänger.

Gelboranges und grünes Obst und Gemüse – Karotten, Peperoni, Spinat, Grünkohl, Brokkoli, Melonen, Kürbisse, Pfirsiche, Aprikosen – enthalten Provitamin A, ein Karotinoid (das Bekannteste ist das Beta-Karotin), das, mit einer Fettzugabe zubereitet, im Körper in eine Vitamin-A-Form (Retinol) umgewandelt wird.

Im Allgemeinen gilt die das Mischungsverhältnis 1/3 Vitamin A und 2/3 Beta-Karotin, wobei eine genaue Mengenangabe der Karotinoide nicht angegeben werden kann.

Beta-Karotin reagiert empfindlich auf Licht und Luft; Kochverluste entstehen nicht.

Vitamin B1 – Thiamin (Aneurin)

Dieses wasserlösliche Vitamin sorgte schon im 17. Jahrhundert für Furore, als man erkannte, dass mit der Aufnahme von Getreideprodukten ein Schwund der Skelettmuskulatur (Beriberi) vermieden werden kann. Bei einem erwachsenen gesunden Menschen sind rund 30 mg dieses Vitamins auf so gut wie alle Organe und Muskeln (hier allein rund 40 Prozent davon) verteilt. Seine Aufgabe im Körper besteht darin, den Stoffwechsel von Kohlenhydraten und Fetten mitzuregulieren und damit für Energiegewinnung zu sorgen. Außerdem hilft es den Zellen beim Abbau von überflüssigem Zucker (Glukose) und dient als Stabilisator im Nervensystem. Besonders Menschen, die körperlich und geistig gefordert sind, benötigen dieses Vitamin. Auch bei Stress hilft es, die Nerven zu bewahren. Menschen, die sich einseitig oder falsch ernähren, erleiden schnell einen Vitamin-B1-Mangel.

Man geht von einem täglichen Bedarf von rund 1 mg aus. Eine Mehraufnahme ist nicht empfehlenswert, da der Körper dann ungnädig reagiert: je mehr Vitamin B1 zur Verfügung steht, desto weniger nimmt er auf. Hat man allerdings zu wenig davon, dann ist der Leistungsabfall gravierend. Nervenstörungen und Muskelschwäche können auftreten. Vitamin B1 reagiert empfindlich auf Wärme, Luft und Backpulver. Die Kochverluste liegen zwischen 30 bis 80 Prozent

Hauptlieferanten von Vitamin B1

Gute Lieferanten für Vitamin B1 sind alle Brot- und Backwaren aus Vollkornmehl. Auch Kartoffeln tragen zu einer guten Versorgung bei.

100 g Lebensmittel mit mg-Angabe an Vitamin B1

- Schweinefleisch (Muskelfleisch) 0,9 mg
- Schweinefleisch (Schinken) 0,8 mg
- Haferflocken 0,6 mg
- Weizen (Vollmehl) 0,5 mg
- Roggen (Vollmehl), Reis (Vollkorn), Mais (Vollmehl) je 0,4 mg
- Erbsen (grün), Schweine- und Rinderleber je 0,3 mg

1,2 mg Vitamin B1 (durchschnittlicher Tagesbedarf) sind enthalten in:

- 50 g Kalbsleber
- 120 g Schweinefleisch
- 240 g Vollkornmehl oder Haferflocken
- 360 g Leber oder Nieren
- je 600 g Kalbfleisch, Gemüse, Hülsenfrüchten, Feinmehl
- 1200 g Kartoffeln
- 2400 g Obst

Vitamin B3 – Niacin, Nicotinamid (Nicotinsäureamid)

Vitamin B3 – 1936 erforscht – hat sich mittlerweile als Niacin einen Namen gemacht. Da es im Körper selbst aus einer Aminosäure, dem Tryptophan, gebildet werden kann, spricht man in Fachkreisen weniger von einem Vitamin. Aber auch aus Nahrung, vornehmlich pflanzliche Lebensmittel, wird es umgewandelt.

Dieses Vitamin gehört zu den natürlichen Radikalenfängern. Es reguliert den Fett- und Zuckerstoffwechsel, damit die Energiegewinnung für den Körper und wird in der Leber gespeichert. Niacin hat einen maßgeblichen Einfluss auf das Nervensystem, und hier vornehmlich auf die Gehirntätigkeit – was bei einem Mangel sofort spürbar ist: Müdigkeit, Konzentrationsprobleme bis hin zu Verwirrtheit sind die Konsequenz. Zu viel Vitamin B3 verursacht Kopfschmerzen und Übelkeit und kann zu Leberschäden führen.

Niacin ist hauptsächlich in tierischen Produkten zu finden: Fleisch, Leber, Nieren, Fisch und Geflügel liefern ausreichende Mengen. Aber auch Milch, Getreideflocken, Erdnüsse, Pilze, Hefe und Aprikosen beinhalten dieses essentielle Vitamin. Der Tagesbedarf wird zwischen

15 bis 20 mg angegeben und ist bereits mit 100 Gramm Rindfleisch, 150 Gramm Putenfleisch oder 300 Gramm Champignons gedeckt. Vitamin B3 ist ein sehr stabiles Vitamin, der Kochverlust liegt bei bis zu 20 Prozent.

Vitamin C (Ascorbinsäure)

Das bekannteste aller Vitamine: Vitamin C hat sich schon frühzeitig als Radikalenfänger einen Namen gemacht. Auch dieses lebensnotwendige Vitamin muss dem Körper beständig zugeführt werden, da es nur in geringen Mengen im Bindegewebe gespeichert werden kann.

Vitamin C fördert die körpereigene Abwehr und die Stärkung des Immunsystems – zum Schaden von feindlichen Bakterien oder Viren und zu Gunsten sämtlicher Zellen. Auch der Leber hilft es bei der Entgiftungsarbeit und das Bindegewebe erhält kräftigende Unterstützung. Menschen, die permanent unter Anspannung stehen, sowie Menschen, die sich einseitig ernähren, sind besonders auf eine vermehrte Gabe dieses Vitamins angewiesen.

Die empfohlenen Richtwerte für die Vitamin-C-Zufuhr liegen zwischen 150 und 200 mg täglich. Zu viel Vitamin C ist unter Umständen bedenklich, da es das Vitamin B12 zerstören kann.

Ist die Ernährung ausgewogen, das heißt viel frisches Gemüse und Obst kombiniert mit gesunden Kohlenhydraten und dafür aber wenig Fleisch, Fette und Zucker, dann ist normalerweise der Tagesbedarf in der Nahrung enthalten.

Vitamin C reagiert empfindlich auf Wärme, Licht und Luft. Die Kochverluste liegen zwischen 30 bis 100 Prozent. Das heißt, gelegentliche Rohkost tut dem Körper gut.

Hauptlieferanten an Vitamin C 100 g Lebensmittel mit mg-Angabe an Vitamin C	
Sanddorn	450 mg
Schwarze Johannisbeeren	180 mg
Petersilie	160 mg
Paprika	139 mg
Brokkoli	110 mg
Weißkohl	110 mg
Kiwi	80 mg
Blumenkohl	73 mg
Kohlrabi	64 mg
Zitrone	53 mg

Vitamin-C-Mangel

Die Seemannskrankheit Skorbut – die klassische Vitamin-C-Mangelerkrankung – gibt es hier zu Lande nicht mehr, da die Grundversorgung gewährleistet ist. Dennoch empfehlen sich zusätzliche Vitamin-C-Gaben bei Menschen, die dauerhaft unter Stress stehen oder die anfällig für Erkältungskrankheiten sind. Werden zu hohe Dosen aufgenommen, kann das eine abführende Wirkung haben. Die Höhe der Dosierung ist nach wie vor umstritten. Die individuelle Lebenssituation muss berücksichtigt werden.

Vitamin D – Calciferol (Vorstufe: Ergosterin)

Eine Sonderstellung im Reich der Vitamine nimmt das Vitamin D ein, das eigentlich gar kein Vitamin, sondern ein Hormon ist. Als man im frühen 20. Jahrhundert herausfand, dass die gefährliche Knochenkrankheit Rachitis bei Kindern durch das Verabreichen von Lebertran geheilt werden kann – oft in Kombination mit einem Sonnenbad, nannte man die im Lebertran gefundene Substanz in der Reihenfolge der damals bekannten Vitamine: nach Vitamin A, B und C kam nun D an die Reihe. Heute weiß man, dass dieses fettlösliche Vitamin von der Leber aufgenommen wird, in die Nieren (Calcitriol) transportiert wird und von dort aus als Steuerungshormon unter anderem die Kalziumaufnahme aus dem Darm aktiviert.

Lange dachte man, dass dieses Vitamin besonders für den Knochenaufbau bei Kindern und alten Menschen von Bedeutung ist. Heute
weiß man, dass es für die Osteoporose-Vorbeugung wichtig ist, da es
das Kalzium-Phosphor-Gleichgewicht (siehe Kalzium Seite 80) unterstützt. Stark fettleibige Menschen benötigen eine Zusatzgabe, da der
hohe Gehalt an Körperfetten das fettlösliche Vitamin an sich bindet
und aus dem Blut entfernt.

In Nahrungsmitteln ist dieses Vitamin eher selten zu finden: Außer in
Lebertran sind noch erwähnenswerte Mengen in Hering, Makrele und
Lachs sowie Butter, Margarine und Hühnereigelb vorzufinden. Die
tägliche Dosis sollte bei mindestens 5 Mikrogramm (µg) liegen. Diese
sind bereits enthalten in:

- 2 g Lebertran
- 20 g Hering
- 30 g Lachs
- 70 g Sardinen
- 100 g Avocado
- 140 g Margarine
- 150 g Pilze
- 250 g Rinderleber
- 4 Eiern

Eine zusätzliche Aufnahme ist nicht unbedingt erforderlich, da der
Körper in der Lage ist, Vitamin D aus körpereigenen Stoffwechselpro-
zessen zu gewinnen. So kann er es aus der Vorstufe des Cholesterins
herauslösen, allerdings nur wenn er zusätzlich Sonnenlicht erhält.
(Vorsicht: Das UV-Licht der Sonnenstudios enthält nicht die Strah-
lung, die diesen Prozess im Körper auslöst.)

Vitamin D reagiert empfindlich auf Wärme, Licht und Luft. Die Kochverluste gehen bis zu 40 Prozent.

Vitamin D in Milch

Die weit verbreitete Meinung, Milch enthalte Vitamin D, ist wohl darauf
zurückzuführen, dass in manchen Ländern die Anreicherung von Milch mit
Vitamin D gestattet ist, zum Beispiel in den USA oder in Finnland. In
Deutschland ist dies nicht der Fall.

Vitamin E (Tocopherol)

Wie Vitamin C ist das Vitamin E ein wichtiges natürliches Antioxidanz, also ein Radikalenfänger und Zellschützer, allen voran gegen aggressive O_2-Verbindungen. Es wirkt auf das Blutbild, indem es die Blutgerinnung reguliert, und hat Einfluss auf die Funktion der Keimdrüsen. Außerdem ist es wichtig für eine gesunde Haut: Es kann die durch Sonneneinstrahlung überstrapazierte Haut wieder aufbauen. In der Präventivmedizin hat es seinen festen Platz: Es beugt Diabetes und Herzkrankheiten vor und hilft bei Stoffwechselerkrankungen und rheumatischen Beschwerden. Vitamin E ist ein wichtiger Begleiter für schwer arbeitende und/oder stressanfällige Menschen.

Es ist – wie Vitamin D auch – ein Stoffgemisch, das es in acht natürlichen Verbindungen gibt (von denen Alpha-Tocopherole diejenigen sind, die dem Körper am besten helfen). Vitamin E wird erst im Dünndarm vom Körper aufgenommen, wobei es eng an die gesamte Fettverdauung gebunden ist, das heißt, an das Fett mit dem es in den Körper gelangt.

Dieses Vitamin ist in pflanzlichen Ölen enthalten – hier vor allem in kalt gepresstem Olivenöl, aber auch in Weizenkeim- und Sojaöl. Auch Nüsse, Getreide und Fisch enthalten nennenswerte Mengen an Vitamin E. Der empfohlene Tagesbedarf eines gesunden Erwachsenen liegt zwischen 12 bis 17 mg. Vitamin E kann direkt aus den genannten Lebensmitteln gewonnen und vom Körper aufgespalten werden.

Mangelerscheinungen treten sehr selten auf, da der Körper Vitamin E gut speichern kann. Ist der Körper jedoch unterversorgt, reagiert er mit Konzentrationsstörungen und Schläfrigkeit. Bei einer lang anhaltenden Unterversorgung werden die Blutzellen geschädigt. Da der Körper aber dieses Vitamin in seinen Fettdepots speichert, dauert es sehr lange, bis sich eine Unterversorgung bemerkbar macht.

Zu viel Vitamin E – eine Dosis von ca. 3 Gramm – kann Kopfschmerzen, Übelkeit, Müdigkeit, Muskelschwäche und Magen-Darm-Beschwerden hervorrufen.

Vitamin E reagiert empfindlich auf Wärme, Licht und Luft – die entsprechenden Lebensmitteln werden leicht ranzig.

Die Kochverluste liegen – produktabhängig – zwischen 10 bis 55 Prozent.

Hauptlieferanten von Vitamin E 100 g Lebensmittel mit mg/Angabe an Vitamin E			
Öle		**Fette**	
Weizenkeimöl	185,0	Margarine	13,6
Sonnenblumenöl	50,0	Butter	2,2
Distelöl	48,2		
Traubenkernöl	37,0	**Samen und Nüsse**	
Maiskeimöl	31,1	Haselnüsse	27
Rapsöl	30,0	Mandeln	25,2
Sojaöl	29,0	Sonnenblumenkerne	21,8
Sesamöl	28,3	Erdnüsse	10,3
Erdnussöl	26	Walnüsse	6,0
Palmöl	25		
Olivenöl	13,2	**Gemüse**	
Walnussöl	8,0	Schwarzwurzel, roh	6,0

Übersichtstabelle Öle – Fettanteile im Verhältnis zueinander sowie der Vitamin-E-Anteil

Speiseöle	gesättigte Fettsäuren in %	einfach ungesättigte Fettsäuren in %	mehrfach ungesättigte Fettsäuren in %	Vitamin-E-Gehalt in mg auf 100 g
Distelöl	8,6	12,0	75,3	48,2
Leinöl	9,6	18,2	68,13	5,8
Maiskeimöl	12,9	29,0	53,2	31,1
Olivenöl	13,5	73,7	8,9	13,2
Rapsöl	6,6	64,1	33,3	30,0
Sesamöl	12,4	40,3	42,7	28,3
Sojaöl	13,6	20,6	61,9	29,0
Sonnenblumenöl	10,6	22,4	63,1	50,0
Traubenkernöl	8,9	16,7	66,4	37,0
Walnussöl		15,8	71,3	8
Weizenkeimöl	17,4	15,6	64,2	185,0

Kalzium

Kalzium ist der Mineralstoff, der unserem Skelett Halt und Stütze verleiht und der gefährlichen Osteoporose vorbeugt, die übrigens nicht nur Frauen betrifft. Außerdem – und das wird gerne übersehen – dient Kalzium zur Aktivierung von Nerven und Muskeln und ist damit ein wichtiger Baustoff für körperliche wie auch geistige Leistungsfähigkeit. Steht dem Körper nicht genügend Kalzium für die nervlichen Impulssetzungen zur Verfügung, greift er auf das große Reservoir in den Knochen zurück. Und das ziemlich schnell.

Kalzium ist der am häufigsten vorkommende Mineralstoff in unserem Körper. Ungefähr 99 Prozent davon – das entspricht immerhin ca. einem Kilogramm – werden allein in den Knochen eingelagert. Frauen steckt durchschnittlich 800 Gramm Kalzium in den Knochen, Männern ganze 1000 Gramm.

Kalzium wird über die Nahrung aufgenommen. Dort ist es hauptsächlich in Milch und Milchprodukten zu finden, aber auch in Gemüse, Obst und mittlerweile auch in einigen Mineralwässern. In den Stoffwechselkreislauf, und damit ins Blut, gelangt das Kalzium erst über den Dünndarm. Leider werden nur ca. 40 Prozent der zugeführten Kalziummenge tatsächlich verwertet – der Rest wird ausgeschieden.

Hindernisse für eine Kalziumaufnahme

Leider stehen einer gelungenen Kalziumaufnahme noch einige Hindernisse im Weg: Phosphor bindet Kalzium an sich und lässt es nicht zum Ziel kommen. Um dies zu umgehen, sollte das Verhältnis von Kalzium und Phosphor mindestens 1 zu 1 sein. Lebensmittel mit mehr Phosphor als Kalzium sind daher nicht geeignet, wenn man auf eine kalziumreiche Ernährung achten möchte. Kritisch in diesem Zusammenhang wären zum Beispiel: Quark, Frisch- und Hüttenkäse sowie Fisch. Allerdings sind diese wieder in anderer Hinsicht äußerst wertvoll.

> **Tipp:** Achten Sie auf regelmäßige Kalziummahlzeiten! Es empfiehlt sich, einmal am Tag dem Körper eine Extraportion Kalzium zu gönnen: Obst, Gemüse, Salate mit frischen Kräutern nach Belieben oder einem Stückchen Käse sind dafür bestens geeignet. Ihre Knochen werden es Ihnen eines Tages danken!

Größere Koffeinmengen

Neben Phosphor hemmen auch Oxalsäure, Phytin und vor allem Koffein die Kalziumaufnahme. Da Koffein stark entwässernd wirkt, hat das Kalzium keine Chance an seinen Bestimmungsort zu gelangen – es wird gleich ausgeschieden. Beschränken Sie Ihren Kaffeekonsum besser auf maximal drei Tassen pro Tag!

Oxalsäure

Oxalsäure bindet ebenfalls Kalzium an sich; dementsprechend kann der Mineralstoff nicht im Körper aktiv werden. Oxalsäurehaltige Nahrungsmittel sind: Kakao, Schokolade, Rhabarber, Mangold, Spinat und Rote Beete.

Phosphor

Phosphor hemmt durch einen komplizierten Mechanismus die Kalziumaufnahme aus dem Darm. Extrem phosphorreiche Nahrungsmittel sollten daher nicht zu oft und nur mäßig gegessen werden. Die Verwertbarkeit von Kalzium für den Körper wird auch von dem Verhältnis von Phosphor und Kalzium in der Nahrung beeinflusst. Das Verhältnis Kalzium zu Phosphor im Knochen beträgt 1 zu 2. Phosphorreiche Nahrungsmittel sind: Schmelz- und Kochkäse, Fleisch, Wurstwaren, Innereien, Colagetränke, Sojaprodukte, Hülsenfrüchte, Fertiggerichte mit Phosphatzusätzen.

Phytin

Phytin ist ein pflanzlicher Stoff, der vor allem in faserstoffreichen Nahrungsmitteln, wie zum Beispiel Getreide, vorkommt. Besonders in den Randschichten (der so genannten Kleie) von Getreidekörnern ist ein hoher Phytinanteil zu finden. Phytin geht mit dem Kalzium eine unlösliche Verbindung, die vom Körper nicht aufgenommen werden kann. So sind Müslis aus frischen Getreidekörnern – hier steht Roggen an erster Stelle – besonders phytinreich. Hingegen sind Haferflocken oder vorbehandelte Müslis empfehlenswert, da sie keine phytinreiche Randschicht mehr besitzen. Auch bei Brot besteht keine Gefahr mehr, da die Phytin-Kalzium-Verbindung bei der Verarbeitung gelöst wird. Phytin wird zudem durch Erhitzen inaktiv.

Kalziumkiller Fast Food und Alkohol
Fast Food enthält zumeist einen hohen Anteil an minderwertigen Fetten und/oder minderwertigen Kohlenhydraten, die der Körper in Fettdepots speichert. Damit aber nicht genug: Täglich Fast Food als Mahlzeit wirkt wie blankes Gift für die Knochen. Der überaus hohe Phosphatanteil, der Bestandteil vieler Geschmacksverstärker in Fast-Food-Produkten ist, bindet Kalzium an sich und verhindert damit, dass es aus dem Darm in das Blut gelangen kann. Auch hoher Alkoholkonsum und ein Übermaß an tierischem Eiweiß hemmen die Aufnahme von Kalzium.

Das fördert die Kalziumaufnahme

Hilfreich bei der Kalziumeinnahme sind die Vitamine C und D. Sie sorgen dafür, dass genügend Kalzium aus dem Darm in den Blutkreislauf gelangt. Aber nicht nur diese Vitamine sorgen für eine bessere und damit vermehrte Aufnahme des Kalziums ins Blut, auch gesäuerte Milchprodukte unterstützen diesen Mineralstoff. Milch hat zwar einen hohen Kalziumanteil, aber die meisten erwachsenen Menschen sind nicht mehr in der Lage, die Inhaltsstoffe dieses Nahrungsmittels aufzunehmen. Es ist mittlerweile erwiesen, dass Kalzium aus besagten gesäuerten Lebensmitteln, wie zum Beispiel Joghurt, Dickmilch oder Käse, weitaus besser aufgenommen und verwertet wird.

Hauptlieferanten von Kalzium
100 g Lebensmittel mit mg Kalzium im Verhältnis zum Phosphatgehalt

Lebensmittel in 100 g	Kalzium in mg	Phosphat in mg	Lebensmittel in 100 g	Kalzium in mg	Phosphat in mg
Milch und Milch-produkte			Käse		
			Edelpilzkäse 50% F.i.Tr.	700	500
Vollmilch (vollfett und mager)	120	100	Münsterkäse 45% F.i.Tr.	500	300
Dickmilch und Kefir	130	100	Camembert 30% F.i.Tr.	500	500
Buttermilch	110	80	Camembert 45% F.i.Tr.	400	400
saure Sahne	110	90			
süße Sahne	90	70	Mozzarella	450	350
Joghurt (fettarm)	120	100	Brie 45% F.i.Tr.	400	400
1 Hühnerei ca. 57 g	30	110	Körniger Frischkäse 20% F.i.Tr.	100	170
Käse			Quark 20% F.i.Tr.	90	190
Parmesan 45% F.i.Tr.	1400	950	Quark 40% F.i.Tr.	90	160
Emmentaler 45% F.i.Tr.	1200	850	Gemüse		
Edamer 30% F.i.Tr.	900	600	Blumenkohl	13	35
Edamer 40% F.i.Tr	800	600	Bohnen	45	35
Tilsiter 30% F.i.Tr.	900	600	Brokkoli, gekocht	87	65
Tilsiter 50% F.i.Tr.	700	500	Fenchel	100	50
Gouda 30% F.i.Tr.	900	600	Gartenkresse	180	64
Gouda 40% F.i.Tr.	800	600	Grünkohl	210	90
Butterkäse 30% F.i.Tr.	900	600	Kohlrabi	50	35
Butterkäse 45% F.i.Tr.	700	400	Möhren	30	25
Chester 45% F.i.Tr.	800	500	Petersilie	180	88
Raclettekäse 48% F.i.Tr.	700	500	Porree (Lauch)	80	40
Räucherkäse 50% F.i.Tr.	700	500	Sellerie	50	45
Romadur 20% F.i.Tr.	700	400	Sauerkraut	50	45
Romadur 30% F.i.Tr.	600	400	Tomatenmark	60	35
Limburger 20% F.i.Tr.	700	400	Tomatensaft	15	15
Limburger 40% F.i.Tr.	500	300			

Das Skelett, ein Meisterwerk der Statik

In unserem Körper befinden sich über 200 Knochen und Knöchelchen, die in bester Funktionalität aufeinander abgestimmt und einander zugeordnet sind. Sie sind in Leichtbauweise konstruiert: Gerade einmal ca. 14 Prozent des gesamten Körpergewichtes geht auf das Konto des Knochengerüstes – auch bei Menschen, die meinen, „schwere" Knochen zu haben.

Knochen haben ein aktives Innenleben: Die äußere harte und kompakte Schicht birgt ein Wunderwerk an aufeinander abgestimmten Bälkchen in sich. Hier stehen die Knochenzellen in aktivem Wechselspiel zueinander. Während eine Knochenzellgruppe (Osteoklasten) beständig altes Knochengewebe abbaut, sorgt eine andere Gruppierung (die Osteoblasten) dafür, dass der fehlende Knochenbereich erneuert wird – allerdings benötigt der Körper dazu Kalzium und Bewegung, um das Knochenwachstum anzuregen. Und natürlich funktioniert das ab einem gewissen Alter auch nicht mehr so schnell: Bis zum 30. Lebensjahr hat der Mensch seine maximal Knochenmasse erreicht. Dann überwiegt der Abbau. Werden die Knochenzellen nicht mehr entsprechend nachgebildet, wird der gesamte Knochen porös, manchmal sogar brüchig – die gefürchtete Osteoporose.

Außerdem sollte man bedenken: Die individuelle Statik ist auf das eigene Normgewicht ausgerichtet – zu viele Pfunden sind nicht vorgesehen und werden als Belastung im wahrsten Sinne des Wortes empfunden.

Magnesium

Magnesium wurde als „Bittersalz" schon in früheren Jahrhunderten als Abführmittel und zur Krampflinderung eingesetzt. Sämtliche muskulären Aktivitäten, beispielsweise auch von Muskeln wie der Herzmuskel, auf die wir selbst keinen Einfluss haben, werden erst durch eine Magnesiumgabe ermöglicht. Trotzdem speichert der Körper diesen wichtigen Mineralstoff nur zu 40 Prozent in den Muskeln – der Rest wird im Skelett eingelagert und bei Bedarf abgerufen. Dort wird er für den Knochenaufbau verwendet. Für körperlich sowie geistig stark beanspruchte Menschen ist dieser Mineralstoff besonders wichtig.

In der Präventivmedizin wird Magnesium bei Migräne, allgemeinem Stress und Kalziummangel verabreicht. Auch Menschen mit Diabetes und Magen-Darm-Erkrankungen erhalten zusätzliche Gaben davon.

Und noch etwas Interessantes hat dieser Mineralstoff zu bieten: Nämlich die Beteiligung des Magnesiums an der Energiebereitstellung von Kohlenhydraten, Eiweißen und Fetten im gesamten Zellstoffwechsel.

Mit Kalzium hat Magnesium eine Wechselbeziehung: Magnesium verhilft Kalzium zum Ziel, indem es die Aufnahme aus dem Darm unterstützt und für die Verteilung im gesamten Körper sorgt – und umgekehrt.

Eine Unterversorgung merkt man sehr schnell: Ein zitterndes Bein oder Augenlid gibt Hinweise darauf.

Der Tagebedarf ist sehr unterschiedlich: Menschen, die sich regelmäßig körperlich bewegen, haben entsprechend einen höheren Bedarf als „couch potatoes". Der Durchschnittswert liegt bei ca. 300 bis 400 mg.

Hauptlieferanten von Magnesium pro 100 g Lebensmittel – ungefährer Magnesiumanteil in mg	
Sonnenblumenkerne	420 mg
Kakaopulver, entölt	415 mg
Kürbiskerne	402 mg
Mohnsamen	333 mg
Amaranth	308 mg
Erdnüsse, geröstet	180 mg
Mandeln	170 mg
Haselnüsse	150 mg
Weiße Bohnen	133 mg
Mischbrot	121 mg
Mandeln	170 mg
Haferflocken, Vollkorn	135 mg
Vollkornmehl, Type 1700	130 mg
Vollkornbrot mit Sonnenblumenkernen	106 mg

Magnesium in nennenswerten Mengen ist ebenfalls in Hülsenfrüchten, Fisch und Käse vorhanden – auch einige Mineralwässer sind mit Magnesium angereichert. Bedenken Sie: Bei der Zubereitung von Lebensmitteln geht Magnesium beim Kochen in Wasser teilweise verloren.

Mangel oder Überdosis

Ein nachgewiesener Mangel besteht häufig bei Herzkrankheiten, Bluthochdruck, Durchblutungsstörungen, Arteriosklerose, Muskelschwächen, Leistungsschwächen, Nervosität und Depressionen. Auch bei Menschen, die ihren Körper mit häufigen Diäten quälen ist ein Magnesiumdefizit auszumachen.

Enthält Ihre Nahrung im Schnitt die angegebene Magnesiummenge, dürften Sie ausreichend versorgt sein. Höhere Gaben zur Vorbeugung oder als begleitende Maßnahme zu Therapien sollten unter ärztlicher Aufsicht eingenommen werden.

Selen

Ein kleines aber feines Spurenelement, das besonders in unseren Entgiftungsorganen Leber und Nieren eine wichtige Rolle spielt, da es dort die Stoffwechselprozesse der Zellen aktiviert. Es gehört wie das Vitamin A, C, D und Beta-Karotin zu den Antioxidantien oder Radikalenfängern. Auch im Nervenkostüm und in vielen Schleimhäuten macht sich Selen nützlich bei den Zellaktivitäten. Dieser massive Zellschutz ist gleichzeitig aktiver Immunschutz. Personengruppen, die ständigen Belastungen ausgesetzt sind, sollten auf ihren Selenhaushalt achten. Da Selen außerdem in den Blutplättchen vorhanden ist, schützt es vor Thrombosen, indem es die Thrombozyten stabil hält. In der Präventivmedizin wird es daher vorbeugend bei Herzinfarkt und anderen Herzerkrankungen, zum Beispiel Arteriosklerose, gegeben.

Man geht davon aus, dass die meisten Menschen in Deutschland zwischen 25 und 85 mg Selen zu sich nehmen und dass diese Menge zu wenig ist. Damit Selen seine Funktionen im Körper auch erfüllen kann, sagen viele Fachleute, dass eine Mindestmenge von ca. 100 mg täglich eingenommen werden sollen. Nimmt man Selen in Form von Zusätzen ein, sollte man dies mit seinem Arzt besprechen und es sich bei Bedarf verschreiben lassen – eine zusätzlich zur Nahrung eingenommene Menge von 50 mg Selen ist verschreibungspflichtig.

Hauptlieferanten von Selen

Die Hauptlieferanten von Selen findet man in Muskelfleisch, Meeresfischen, Eiern und Getreideerzeugnissen. Pflanzliche Produkte sind in unseren Breiten inzwischen eher selenarm, da die Böden einen geringen Selenanteil aufweisen. Deshalb könnten sich vegetarisch ernährende

Menschen, die zudem auf Eier und Milchprodukte verzichten, unterversorgt sein.

Hauptlieferanten von Selen 100 g Lebensmittel mit ungefährer mg-Angabe an Selen	
Rind, Kalb	ca. 58 +/- 22 mg
Schweinefleisch	ca. 12 bis 20 mg
Huhn	ca. 17 bis 22 mg
Wurst	ca. 11 bis 81 mg
Forelle	ca. 12 bis 13 mg
Kabeljau	ca. 17 bis 37 mg
Rotbarsch	ca. 37 bis 44 mg
Eigelb	ca. 37 +/- 9 mg
Kartoffeln	ca. 5 mg
Roggenbrot	ca. 14 +/- 2 mg

Zink

Auch Zink gehört zu den Spurenelementen, die eine längere Tradition haben: 1934 entdeckte man, dass Zink ein für den Menschen äußerst wichtiges, und nach Eisen das zweitgrößte Spurenelement ist. Immerhin sind im Körper zwischen zwei und drei Gramm davon zu finden. Die größten Mengen davon sind in der Skelettmuskulatur, aber auch im Knochengewebe, in Haut, Haaren und Nägeln eingelagert.

Wie auch Selen wurde die Bedeutung von Zink für reifere Menschen erst in den letzten Jahren so richtig erkannt. Zink reguliert die Enzymtätigkeit vieler Stoffwechselprozesse. So sorgt es zum Beispiel dafür, dass das Insulin in entsprechender Menge nachproduziert wird und seiner Tätigkeit – die Umwandlung und den Transport von Kohlenhydrate – nachgehen kann. Auch am Wachstum der Sexualhormone ist es maßgeblich beteiligt. Außerdem nimmt man an, dass Zink die Funktion der Thymusdrüse, eines unserer wichtigsten Abwehrorgane, positiv beeinflusst und somit für unser Immunsystem mitsorgt. Daher wird es für den allgemeinen Immunschutz empfohlen, aber auch Menschen, die sich einseitig ernähren oder viel minderwertige Kost (Fast-Food) zu sich nehmen. In der Präventivmedizin baut man auf seine allgemein stärkende Wirkung gerade im Hinblick auf Herzerkrankungen, bei Diabetes, rheumatischen Beschwerden, Bluthochdruck und entzündlichen Darmerkrankungen.

Die tägliche Menge liegt bei 15 bis 20 mg, die weitgehend über die tägliche Nahrungsaufnahme gedeckt wird. Ernährt man sich jedoch einseitig, verzichtet auf eiweißhaltige Produkte oder hat einen starken Alkoholkonsum, dann wird ein verminderter Zinkwert festgestellt.

Hauptlieferanten von Zink 100 g Lebensmittel mit ungefährer mg-Angabe an Zink	
Austern	100–400 mg
Haferflocken	7,7 mg
Kakaopulver	4,9 mg
Eigelb	3,5 mg
Nüsse	3,4 mg
Hafer	3,3 mg
Weizen, ganz	3,2 mg
Fleisch	3,0 mg
Roggen, ganz	2,6 mg

Was auf den Tisch kommt

Eigentlich ganz einfach: eine ausgewogene Mischung aus allem. Um das besser zu verdeutlichen, wählen Sie die Produkte entsprechend der Lebensmittelpyramide aus. Und im nächsten Kapitel finden Sie einen möglichen Ernährungsplan, der Ihnen bei einer dauerhaften Umstellung hilft.

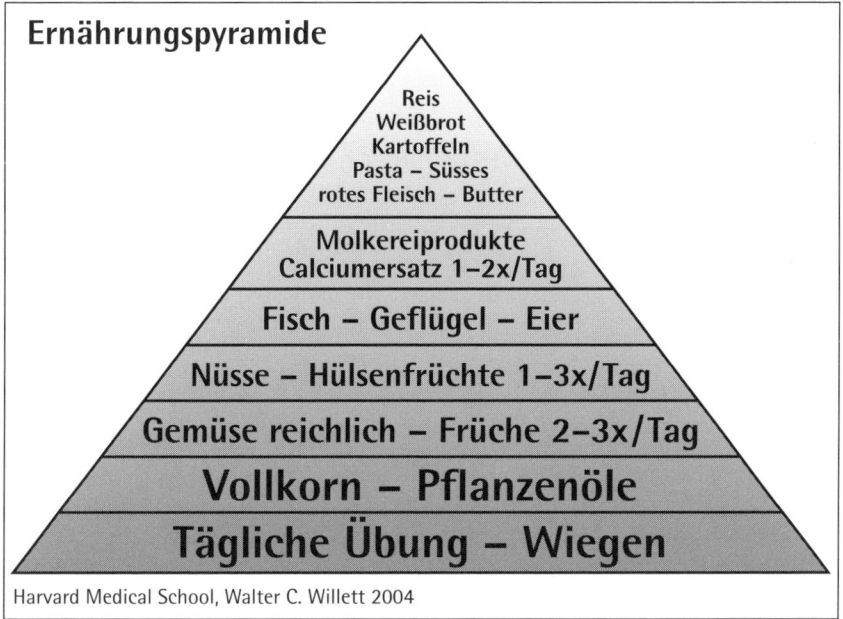

Ernährungspyramide

Reis
Weißbrot
Kartoffeln
Pasta – Süsses
rotes Fleisch – Butter

Molkereiprodukte
Calciumersatz 1–2x/Tag

Fisch – Geflügel – Eier

Nüsse – Hülsenfrüchte 1–3x/Tag

Gemüse reichlich – Früche 2–3x/Tag

Vollkorn – Pflanzenöle

Tägliche Übung – Wiegen

Harvard Medical School, Walter C. Willett 2004

Zusatzstoffe ja oder nein

Eine Frage, der hier noch kurz nachgegangen werden soll, da sie immer wieder kontrovers diskutiert wird. Generell kann man sagen, dass ein Mensch, der sich mit einer gesunden Mischkost aus hochwertigen Nahrungsmitteln ernährt, ausreichend Bewegung und Schlaf hat, keinerlei Zusätze an Vitaminen und Mineralstoffen benötigt. Die Frage ist nur, wem das in unserer heutigen Gesellschaft so einfach gelingt. Zum einen nehmen die Inhaltstoffe unserer Nahrungsmittel ab – die Böden sind zumeist einseitig überdüngt, so dass wichtige Stoffe gar nicht mehr in das entsprechende Lebensmittel gelangen können. Zum anderen hat nicht jeder die Möglichkeit eine ausgewogene Mischkost mit allen notwendigen Elementen täglich in der angegebenen Form zu sich zu nehmen.

Dennoch: Bevor Sie in die Apotheke und Drogerie gehen und sich ein Set aus angegebenen Inhaltsstoffen für viel Geld zusammenstellen lassen, ist eine Besprechung mit Ihrem Arzt empfehlenswert – zumal ein Zuviel einiger Stoffe eher das Gegenteil bewirkt. Auch hat es sich – je nach Typus – als besser erwiesen, einige Stoffe kurmäßig anzuwenden. Einige Inhaltsstoffe sind ab einer gewissen Menge sowieso verschreibungspflichtig.

Das 7-Wochenprogramm

Vor der Ernährungsumstellung graut es den meisten mehr als vor dem beginnenden Sportprogramm. Die meisten assoziieren sofort: Verzicht! Alles, was lecker ist, was Freude macht, darf nun nicht mehr sein. So halten wir das ganz sicher nicht durch!

Mit dem 7-Wochen-Programm beginnt für Sie eine Test- und Kennenlernphase, in der Sie eine andere Ernährungsweise ausprobieren. Und Sie werden Sie auch schätzen lernen. Denn: Es schmeckt einfach besser.

Tipp: Ein spannender Anfangstest für Zweifler: Besorgen Sie sich einige Produkte aus dem Biogeschäft, vom Markt, von einem Bauernhof aus der Umgebung oder anderweitigen Fachmärkten, die eine hochwertige Qualität des jeweiligen Lebensmittels garantieren. Und dann kaufen Sie sich das gleiche Produkt aus dem Supermarkt, in Zellophan abgepackt.
Probieren Sie beide Lebensmittel gegeneinander: Käse mit Käse, Apfel mit Apfel, Olivenöl zu Olivenöl – sie werden den Unterschied schmecken. Noch ein Bonus-Punkt: Sie werden mit einem hochwertigen Produkt schneller gesättigt und bleiben länger fit.

Die Ernährungsumstellung ist eine Art Geschmackstraining und funktioniert sehr unkompliziert: An vier Basistagen achten Sie auf das jeweilige Thema, zu dem dann in der nächsten Woche ein neues Thema dazukommt. An den restlichen drei Tagen haben Sie „frei" – was nicht heißen sollte, dass Sie sich nun in einem Übermaß mit Sahnetorten, Chips und Bier verköstigen.

1. Woche: Thema der Woche – Fette

Wie Sie gelesen haben, sind es die ungesättigten Fettsäuren, die an den vier Basistagen auf dem Programm stehen. Also, bereiten Sie sämtliche Mahlzeiten, die eine Fettbeigabe beinhaltet, ausschließlich mit Olivenöl, Rapsöl & Co. zu.

Und so sieht das konkret aus:

- Absolutes Tabu: Pommes, Hamburger, Chips, Schokoladeaufstrich, Sahne- und Buttertorten und -kuchen, Croissants, Blätterteiggebäck, Kekse etc.

- Ein weiteres Tabu sind fettreiche Wurst und Käse – magerer Schinken und Käse darf es hingegen sein.
- Nehmen Sie viel Salat zu sich, der ausschließlich mit den genannten Ölen angerichtet ist (und natürlich mit Essig und Gewürzen – aber nicht mit Mayonnaise oder Sahne).
- An zwei der Tage sollten Sie Fisch essen, selbst fettreiche Fische wie Aal, Hering und Makrele können verzehrt werden; empfehlenswert wäre am zweiten Fischtag ein magereres Flossentier in den Speiseplan einzubauen – Forelle, Kabeljau, Seelachs, Barsch oder Zander sind hier zu empfehlen.
- An den anderen beiden Tagen ist mageres Fleisch oder ein vegetarisches Essen angesagt – das kann eine leckere Pasta sein, ein Wokgericht oder gekochtes Fleisch.
- Generell sollten Frauen zwischen 40 bis maximal 60 Gramm Fett an diesen Tagen zu sich nehmen, Männer zwischen 60 bis 80 Gramm. Darin ist allerdings auch schon der Fettanteil der Milch im Morgenkaffee enthalten.

2. Woche: Thema der Woche – Weißmehlprodukte

Über Kohlenhydrate und GLYX haben Sie auf Seite 64 gelesen. Verzichten Sie nun an diesen vier Basistagen auf Weißmehlprodukte aller Art. Anstelle des Brötchens oder der Pasta gibt es Vollkornprodukte. Keine Sorge, das sind nicht mehr die Ökoziegel aus den 70er Jahren, die wie Blei im Magen liegen – mittlerweile gibt es hervorragende Lebensmittel aus Vollkorn.

So könnte sich der Tag gestalten:

- Morgens ein Müsli mit frischem Obst und Milch – das Vollkornprodukt wird Ihnen bis zum Mittag Energie geben, die Früchte sorgen für Vitamine und die Milch für das notwendige Kalzium. Auch Vollkornbrot oder -brötchen mit Frischkäse, Marmelade oder einer mageren Wurst könnten die Alternative darstellen. Probieren Sie es – es ist alles nur eine Frage der Gewohnheit.
- Mittags möchten die meisten Berufstätigen nicht zu üppig essen: Also ist Salat – natürlich mit den entsprechenden Ölen angerichtet – genau das Richtige. Oder Sie probieren einmal Vollkornpasta. Die schmeckt auch sehr lecker.
- Abends sollte wie in der vorigen Woche zweimal Fisch auf dem Programm stehen. Ansonsten empfehlen sich Gemüsegerichte aus dem Wok: Sie sind schnell zubereitet und schmecken köstlich.

3. Woche: Thema der Woche – Einfachzucker

Diese Woche werden die Geschmacksnerven trainiert: Einfachzucker an den vier Basistagen weglassen. Das heißt: keine Süßigkeiten, keine Marmelade, keine gezuckerten oder mit Honig gesüßten.

Diese Ausschließlichkeit ist eigentlich nicht zwingend notwendig für Ihr weiteres Leben. Das Thema basiert aber auf der menschlichen Lust nach Süßem. Bereits Babys lächeln zufrieden, wenn man ihnen Honig auf die Lippen gibt – im Gegensatz zu Bitterstoffen, die sie sofort zum Schreien veranlassen. Eine sicherlich überlebenswichtige Prägung, sind doch die meisten für den Menschen genießbaren Lebensmittel eher süß (Kohlenhydrate, die ja in Glukose umgewandelt werden), im Gegensatz zu giftigen, die bitter schmecken.

Leider essen wir nicht nur zu fett, sondern auch zu süß. Da Süßigkeiten zumeist auch noch mit Fetten (natürlich den „schlechten") versetzt sind, nimmt man wahre Kalorienbomben und Leistungskiller zu sich.

Diese eine Woche ist daher ein Ausnahmezustand, sozusagen eine einmalige Trainingseinheit, da keine Heißhungerattacken auf Süßes hervorgerufen werden sollen. Die kommen nämlich, wenn man Zuckerl kategorisch für immer verbieten möchte.

Und so sehen Ihre vier Basis-Traingstage aus:

- Keine Marmelade, kein Zucker, kein Kuchen, keine Süßigkeiten (es sind ja nur vier Tage): Statt dessen, wenn Sie das Verlangen packt: ein Stück frisches Obst.
- Keine zuckerhaltigen Getränke. Vorsicht bei Säften! Lesen Sie die Zutaten auf den Etiketten aufmerksam. Viel Wasser und ungesüßter Tee.

4. Woche: Kein Alkohol

Auch diese Basistage sind nicht apodiktisch zu sehen. Auch hier soll eine Umgewöhnung durch bewussten Verzicht erreicht werden. Viele Menschen nehmen nämlich täglich Alkohol zu sich. Das mag nicht weiter schlimm sein, handelt es sich dabei ja „nur" um ein bis zwei Gläschen Wein oder ein bis zwei Bier. Aber genau da liegt der Hund begraben: Alkohol hat jede Menge Kalorien. Außerdem: Bier enthält Maltose (siehe Seite 62), also ein Zucker der das Insulin nach oben treibt.

- Kein Alkohol.
- Anstelle des Alkohols dürfen Sie in dieser Woche das „Zuckerprogramm" durchführen. Sie dürfen eine Tagesration von 150 Kalorien in Form von Süßwaren zu sich nehmen; das entspricht einer Menge von ca. 38 Gramm Zucker. Die sind erhalten in 13 Gummibärchen und 1 Teelöffel Marmelade
- 1 Glas Limonade und 2 Butterkekse
- 1 kleiner Früchtejoghurt und 1 Schokoriegel
- ca. 3 Hand voll gezuckerter Corn flakes und 1/4 Liter gesüßtes Getränk (Fruchtsaft, Limonade etc)
- 5 Stückchen Schokolade
- 45 Gramm Obstkuchen und 1 Teelöffel Honig

5. Woche: Zwischenmahlzeiten

Das Training zielt auf eine Ernährung von drei Mahlzeiten pro Tag. Die früher vertretene Meinung, viele Zwischenmahlzeiten müssen und sollen sein, wird mittlerweile von den meisten Ernährungswissenschaftlern angezweifelt. Gerade im Hinblick auf die fortwährende Insulinausschüttung, die sozusagen nie zur Ruhe kommt.
Und so sieht es aus:

- Ein ballaststoffreiches Frühstück (siehe 2. Woche) sättigt Sie bis Mittag.
- Der oft am Nachmittag sich einschleichende Hunger sollte mit Obst oder einer anderen Powereinheit gestillt werden: ein Naturjoghurt mit Banane gibt Ihnen alles, was Sie brauchen.
- Frische Beeren sind Energielieferanten für Ihr Gehirn. Als Nachtisch oder als Zwischenmahlzeit, wenn's nicht anders geht, sind sie hervorragend geeignet, die Leistungslücke im Gehirn zu schließen.
- Versuchen Sie auch mittags und am Abend Ballaststoffen den Vorzug zu geben – viel faserreiches Gemüse und Vollkornprodukte.
- Vergessen Sie nicht zu trinken: Ballaststoffe brauchen Flüssigkeit zu ihrer Entfaltung.

6. Woche: Eiweiß – Power pur

Natürlich haben Sie bereits die vorherigen Woche Eiweiß zu sich genommen. Diese Woche steht Eiweiß als Sonderthema auf dem Programm. In Ihrem Trainingsprogramm haben Sie ja nun schon einige deutliche Fortschritte bezüglich der Ausdauer und des Muskelaufbaus erzielt. Muskeln brauchen Nahrung. Und die sollen Sie auch erhalten.

- Milchprodukte zum Frühstück: das Müsli mal mit Quark oder Sojamilch anreichern; oder ein Frühstücksei mit Vollkornbrot und Quark.
- Mittags oder abends – je nach Tagesablauf – ein Steak mit Salat.
- Die andere Mahlzeit mit Hülsenfrüchten – Bohnen, Sojabohnen, Erbsen – gestalten.
- Und natürlich die „guten" Fette nicht vergessen und das Weißmehl von sich fern halten.

7. Woche: Kohlenhydrate nur bis 18.00 Uhr

Jetzt wird es scheinbar richtig hart, aber es lohnt. Essen Sie sooft Sie es schaffen abends nach 18.00 Uhr nichts mehr. In dieser einen Woche zumindest an den vier Basistagen: Ein gebratener Fisch mit Salat darf es bis 18.00 Uhr noch sein – aber dann ist Schluss. Warum? Die Ernährungswissenschaft hat nämlich festgestellt, dass der Körper dann eine optimale Fett- und Kohlenhydratverbrennung absolvieren kann, wenn er nach 18.00 Uhr nichts mehr aufnehmen und verarbeiten muss (die nächste mögliche Mahlzeit sollte nicht vor 6.00 Uhr morgens stattfinden). Zwischen 60 bis 70 Prozent der Fette werden verstoffwechselt und bis zu 30 Prozent der Kohlenhydrate. Das heißt aber auch, man muss wirklich konsequent sein und nach 18.00 Uhr nichts mehr zu sich nehmen. Wasser ja, Alkohol nein.

Probieren Sie es aus. Sie werden den Erfolg spüren und zwar in Form von einer Extraportion Energie. Ansonsten gelten die Ernährungstrategien der vorigen Wochen.

III. Kapitel
Mentale Siegerstrategien

Wer an der Spitze stehen will, muss Höchstleistung bringen. Diese Erkenntnis ist nicht gerade neu, bedeutet heute nur etwas ganz anderes als vor etwa hundert Jahren. Die bekannte Rating-Agentur Standard & Poor´s belohnt erfolgreiche Top-Unternehmen, die sie für investitionswürdig empfiehlt, mit dem Triple A (AAA), eine Auszeichnung für die Besten der Besten. Denn ein einfaches A tut es inzwischen schon lange nicht mehr. Das betrifft nicht nur Unternehmen, sondern jeden Einzelnen, der in irgendeiner Form im Wettbewerb steht – sei es als Spitzensportler oder als Manager in einem Unternehmen. Reichte es vor einem Jahrhundert noch aus, ein Alpha-Mann oder -Frau zu sein, um einen hervorragenden Job zu machen, muss man dieser Tage schon die Qualitäten eines Triple-Alpha-Männchens oder -Weibchens aufweisen, um auf der Siegertreppe zu stehen. Ein Mehr an Leistung ist aber nur unter bestimmten Voraussetzungen möglich und die liegen ganz allein in der eigenen Persönlichkeit, in den eigenen Stärken und in der Fähigkeit zur Selbstmotivation begründet. Stimmt der Erfolg und die Wertschätzung der erbrachten Leistung, dann stimmt auch die Motivation. Doch was passiert, wenn man Rückschläge hinnehmen muss oder wenn man feststellt, dass die Akkus aufgebraucht sind? Woher nimmt man in Stress-Situationen die Lust auf Leistung?

Gefordert sind Top-Leistungen

Der Wettbewerb um die guten Jobs, um die Top-Kunden – das große Geschäft ist so hart wie nie zuvor. Eine komplexer werdende Welt, die sich weit über unser menschliches Fassungsvermögen hinaus beschleunigt, eine nicht mehr zu bewältigende Informationsflut, der wir privat wie beruflich ausgesetzt sind, lässt die Anforderungen im Beruf deutlich höher werden. Die Lebenszyklen von Produkten werden immer kürzer, die Konkurrenz reagiert immer schneller und damit wachsen auch die Ansprüche an Führungskräfte. Denn die müssen nicht nur sich selbst, sondern auch ihre Mitarbeiter ständig bei Laune halten und zu Höchstleistung motivieren.

Zwar hat jeder Tag im globalen Dorf nach wie vor seine 24 Stunden und ein (Geschäfts-)Jahr 365 Tage, doch die gefühlte Zeit erleben wir immer schneller. Arbeitsmediziner sprechen in diesem Zusammenhang vom „Web-Jahr". Arbeitsprozesse werden durch die globale Vernetzung so beschleunigt, dass ein Jahr, in dem eine hoch qualifizierte Arbeitskraft vernetzt arbeitet, der Belastung von drei regulären Arbeitsjahren entspricht. Wer unter diesen Anforderungen keine Erfolge aufweist, bleibt früher oder später auf der Strecke. Die Auslese ist gnadenlos und der Arbeitsplatz wird rasch zum Schleudersitz. Privat- und Familienleben treten völlig hinter den Beruf zurück. Beziehungslosigkeit oder -probleme sind die Folge, die die Situation nur weiter verschärfen. Unter diesem enormen psychischen Druck ist es kein Wunder, dass schon 30-Jährige unter psychosomatischen Beschwerden leiden: Tinnitus, Rückenprobleme, Herz-Kreislauf-Erkrankungen oder Burn-Out (siehe Seite 146). Suchtprobleme, die aus dem Bedürfnis heraus entstehen, dem enormen Druck standzuhalten, sind auch bei Führungskräften keine Seltenheit mehr. Im schlimmsten Fall droht das Aus, mit Arbeitsplatzverlust und dem Verlust materieller Sicherheit sowie Beziehungs- und Selbstwertproblemen.

Tipp: „Die Arbeit, die uns freut, wird zum Vergnügen", wusste schon William Shakespeare mitzuteilen – und war damit tiefer in die menschliche Psyche eingedrungen als viele Experten nach ihm.

Erfolg durch positive Selbstprogrammierung

Die Zeiten mögen härter geworden sein. Trotzdem gibt es auch heute Gewinner. Wir kennen sie aus Politik, Wirtschaft und Sport. Sie leisten Großes, sind fit in Eigenmotivation, der Erfolg fliegt ihnen scheinbar zu. Natürlich erhalten sie dafür auch ihre Anerkennung. Sie reicht von Bewunderung über Liebe und sexuelle Befriedigung bis hin zu Macht. Villa, Ferrari, Yacht oder Rennpferd sind die erfreulichen Randerscheinungen des Erfolgs. Doch, wenn man sich Siegertypen genauer ansieht, stellt man schnell fest, dass einen der Luxus, sich den einen oder anderen Spleen leisten zu können, noch lange nicht zum Triple-Alpha macht. Ganz im Gegenteil: Der materielle Erfolg ist ein angenehmer Begleiter auf dem Weg nach oben. Doch an erster Stelle auf der Prioritätenliste stehen für einen echten Sieger Vitalität, Fitness, Gesundheit und positives Denken, das immer auch an produktives Handeln gekoppelt ist. Sieger sind stark in der Konzeption, in der Formulierung von Zielen, die mit ihren Qualitäten übereinstimmen und beharrlich in deren Umsetzung. Sieger sind fähig ein intaktes soziales Umfeld zu schaffen und als Netzwerker zu agieren. Sie sind beziehungsfähig, achten auf Fairness im Umgang mit anderen und sind im Großen und Ganzen emotional ausgeglichen.

Noch mehr: Ein Siegertyp hat immer eine kreative Lösung parat, wie er auch unter enormen Belastungen besteht und darüber hinaus noch Bestleistungen erbringen kann, die ihn bzw. sein Team vorwärts bringen.

Gelungene Selbstmotivation durch positives Denken

Ein erfolgreicher Mensch schafft es, allein durch seine innere Haltung auch Rückschläge wegzustecken, aus ihnen zu lernen wieder den Anschluss zu finden. Denken Sie an Lee Iacocca, gefeuerter Ford-Manager, der mit positivem Denken und viel Energie den maroden Autoriesen Chrysler rettete. Er gilt als Musterbeispiel für eine gelungene Selbstmotivation und eine großartige Karriere. Sein Mentor war Dale Carnegie, Erfolgsautor der millionenfach verkauften Motivationsfibel „Sorge dich nicht, lebe".

Andere Erfolgskandidaten lassen sich im Spitzensport finden. Hier stehen Wettkampf und Top-Leistungen auf der Tagesordnung, nur die Besten werden geliebt und umworben. Der Druck, unter dem Top-Fußballer, Golfer oder Rennfahrer stehen, ist für einen normalen Menschen kaum nachzuvollziehen. Denn wer hier stürzt oder Krisen durchlebt, wird von einem Millionenpublikum beobachtet, von den Medien seziert und wie früher im römischen Kolosseum mit dem Daumen nach unten verurteilt. Bei Kevin Kuranyi und Co. werden pedantisch die Minuten der Torflaute gezählt, bei Tiger Woods hämisch die Schläge über Par notiert und wenn Michael Schumacher mal drei Rennen nicht auf dem Treppchen steht, bricht die Staatskrise aus. Denn keine Religion erweckt so viel Leidenschaftlichkeit und erzeugt eine vergleichbare Begeisterung wie der Sport.

Trotzdem gibt es diese erstaunlichen Spitzensportler, die es immer wieder schaffen, auf sich selbst und ihr Potenzial zu vertrauen. Sie verfügen über weit mehr als ihr Wissen, ihr Können, ihre Kreativität und ihre emotionale Intelligenz. Sie besitzen die Kraft, auch in Krisensituationen weiter zu lernen und alles Notwendige zu tun, um an Ihr Ziel zu kommen. Deshalb sind Sportler auch so hervorragend geeignet, um an Ihnen die Mechanismen des Erfolgs, der Selbstmotivation und der Persönlichkeitsbildung nachzuvollziehen. Aber auch an den schwarzen Schafen des Spitzensports kristallisieren sich typische Mechanismen des Scheiterns: Mangelndes Selbstbewusstsein, Versagensängste und mangelnde Integrität.

> ### *„Lernen ist wie Schwimmen gegen den Strom ..."*
>
> „... wer aufhört, der treibt zurück" (chin. Weisheit). Lernen geschieht im Kopf, in der Hochleistungszentrale des Menschen. Hier wird in Sekundenschnelle Wissen umgewandelt und abgespeichert sowie dafür gesorgt, dass unser Körper funktioniert. Hier finden alle bewussten und unbewussten Denkprozesse statt. Hier ist das Zentrum unseres Geistes, unserer inneren Haltung und damit unseres Erfolgsgeheimnisses. Denn wie wir denken und fühlen, so handeln wir auch. Wer positiv denkt, legt ein konstruktives Verhalten an den Tag, ist lernfähig und motiviert. Wer vom schlechtest Möglichen ausgeht, kann keine gute Leistung erbringen. Wer diszipliniert ist und bereit ist dazu zu lernen, öffnet sich neue Wege. Wer darauf verzichtet, weil er glaubt, es nicht nötig zu haben, läuft irgendwann gegen eine Wand.
>
> Unsere innere Haltung lässt sich programmieren. Dazu werfen wir einen ersten Blick auf Vorbilder. Wie leben erfolgreiche Menschen, wie motivieren sie sich? Wir müssen verstehen, welches Verhalten und welche Vorgaben zum Ziel führen. So können auch wir zu optimalen Ergebnissen kommen.
>
> Mit Hilfe des 7-Wochen-Programms für mentale Siegerstrategien können Sie Ihr Unterbewusstsein ganz gezielt briefen (ab Seite 125), Ihre Eigenmotivation nachhaltig stärken und sich so langfristig auf Erfolg trainieren.

Motivation und Erfolg stellen sich nicht von selbst ein

Die Philosophen im antiken Griechenland beschäftigten sich detailliert mit dem Bild des Menschen, seinem Streben in der Welt und seiner (Arbeits-)Ethik. Sie kamen bereits vor über 2000 Jahren zu der Erkenntnis, dass jeder Mensch die Möglichkeit hat, sich zu verbessern. Wenn er sein Leben in die Hand nimmt, seine innere Haltung überprüft und zum Positiven hin stimmt, kann er seine Lebensumstände günstiger gestalten, zufriedener und erfolgreicher werden – unter der Voraussetzung, dass er dabei realistisch und im Rahmen seines Potenzials bleibt.

Der große Aristoteles wies darauf hin, dass das höchste Ziel des Menschen die Vervollkommnung seiner ihm eigentümlichen Tätigkeit sei. Er war sich dessen bewusst, dass sich Motivation und Erfolg nie von selbst einstellen. Alles was geschieht steuern wir selbst. Denn alles was wir denken und tun, hat Auswirkungen. Genauso wie alles, was wir unterlassen, negative Folgen hat. Sind wir negativ eingestellt, wird sich das in Misserfolgen ausdrücken. Sind wir innerlich positiv, wirken wir anziehender auf andere und man arbeitet gerne mit uns. Unser geistiger Zustand beeinflusst unser Verhalten, auch die Ergebnisse, die wir erzielen und letztlich unser ganzes Leben.

Bevor Sie Ihren Geist neu programmieren, sollten Sie sich jedoch zu allererst einmal darüber klar werden, wie Ihr Ziel aussieht und was für Sie im Leben wichtig ist. Orientieren können Sie sich dabei an klassischen Werten, die nicht nur Ihr individuelles Wohlbefinden im Auge haben, sondern immer auch das der Gemeinschaft. Sie können sich an Tugenden von Identifikationsfiguren orientieren, also Menschen, die nach Ihrer Ansicht mit positiven Eigenschaften besetzt sind. Das kann Helmut Schmidt sein, Otto Rehhagel oder Michael Schumacher. Unbewusst kommen dabei auch Werte zum Tragen, die Ihnen durch ihre Umwelt, also Ihre Familie und Freunde, mitgegeben wurden.

Geistige Werte und Tugenden

Platon, ein weiterer großer Philosoph der Antike, setzte sich wie sein Schüler Aristoteles mit Erfolgsprinzipien auseinander. Er benannte Tugenden, die jeder erfolgreiche Mensch anstreben sollte. Jede Tugend ist auf Einsicht gegründet und erlernbar.

- Weisheit ist die erste Kardinaltugend. Sie ist die Tugend des Verstandes und betont den Stellenwert des Lernens im Laufe unseres Lebens. Wir lernen nie aus!
- Tapferkeit ist die zweite Kardinaltugend und die Tugend des Willens. Wille und Beharrlichkeit treiben uns an. Rückschläge erziehen uns zu Bescheidenheit, lassen uns aber unseren Weg weitergehen, im Zweifelsfall unter anderen Vorzeichen oder mit einer neuen Zielsetzung.
- Besonnenheit bedeutet das Gleichgewicht zwischen Genuss und Askese – zwischen Strenge und Nachgiebigkeit. Ein selbstbewusstes Auftreten, das die Waage hält zwischen plumper Vertraulichkeit und abweisender Kälte.
- Gerechtigkeit umfasst alle bisher genannten Tugenden in einem ausgewogenen Verhältnis.

Tipp: Der berühmte deutsche Dichter und Schriftsteller Theodor Fontane bringt das Erfolgsrezept auf einen prägnanten Nenner: „Am Mute hängt der Erfolg", und damit ist der Mut zur Überwindung gemeint.

Von Spitzensportlern lernen

Erfolgsmethoden lassen sich kopieren. Im Spitzensport gehört eine Betreuung durch Sportpsychologen ebenso zum Alltag wie der Termin beim Physiotherapeuten. Werfen wir einen Blick auf Erfolgsstorys aus dem Sport. Sie werden rasch sehen, wie Sie für sich profitieren können, wenn Sie sich ein paar Strategien von Spitzensportlern aneignen. Der FC Bayern München ist mit Sicherheit einer der am meisten beneideten Vereine der Welt. Die Rede ist von den Dusel-Bayern – Dusel bedeutet im Hochdeutschen soviel wie „Glück in der letzten Minute". Dem Spitzenverein gelingt es immer wieder, im entscheidenden Spiel kurz vor Schluss das Siegtor zu schießen und zum maßlosen Ärger seiner Gegner Deutscher Meister zu werden. Gehen wir davon aus, dass hinter dem so genannten Dusel ein System steckt. Denn Glück und Zufall machen noch lange keinen dauerhaften Erfolg. Es ist die Einstellung des Teams um Ballack, Kahn, Schweinsteiger & Co, die stimmt.

Oder erinnern wir uns an die goldenen Zeiten, als Deutschland noch eine Tennis-Nation war. Boris Becker spielte nicht besser und nicht schlechter als andere Weltklassespieler. Der entscheidende Unterschied bei dem legendären Spitzensportler war jedoch seine Siegermentalität auf dem Platz. Wenn es darauf ankam, rief Becker kühl sein Potenzial ab, während sein Gegenüber das große Nervenflattern bekam und den Ball ins Netz oder ins Aus drosch. So spulten sich vor den gespannten Zuschauern immer wieder dieselben Szenen ab: Selbst wenn Becker die ersten beiden Sätze des Spiels verloren hatte, besaß er immer noch den Glauben an sich selbst und riss das Ruder herum. Ein Standardsatz atemloser TV-Moderatoren dazu: letzter Satz, Tie-Break, Spiel Becker!

Der junge Becker rückte in Interviews mit Sportreportern immer wieder seinen mentalen Zustand ins Blickfeld. Belächelte man das bei dem spätpubertären, leicht schwäbelnden Bobele noch, so lernte man spätestens beim erwachsenen BB das Fürchten. Beckers Erfolg beruhte auf hartem Training und Disziplin, doch in erster Linie war da eine innere Power, die die Konkurrenz ein ums andere Mal in den Schatten stellte. Heute ist Becker eine Marke und der bekannteste lebende Deutsche auf der Welt. Die Aura des jungen Helden, der als erster Deutscher und immer noch jüngster Spieler bisher auf dem heiligen Rasen in Wimbledon gesiegt hat, umgibt ihn bis heute.

An Sportuniversitäten hat sich mittlerweile ein eigener Studienzweig entwickelt, der sich allein mit der Erforschung der Psyche von Leistungssportlern befasst – die Sportpsychologie. Man weiß heute, dass körperliche Fitness nur ein Baustein für Motivation und gute Leistungen ist (siehe Kapitel I, Seite 32). Allein die innere Haltung ist der Steuermann für jede gelungene Anstrengung. Erfolg oder Versagen, so sehen es Sportpsychologen, ist immer eine Folge unserer geistigen Einstellung und nicht unbedingt unserer geistigen Fähigkeiten. Und sie ist die Folge harter Arbeit. Kein Spitzensportler hat ohne Mühen sein Ziel erreicht. Ein Sieger wird immer seine Zielsetzung mit dem tatsächlich Erreichten vergleichen und er wird alles für seinen Erfolg tun, was in seiner Macht steht. Er verfügt über die so genannte Siegermentalität.

> **Tipp:** Erst wenn man sich etwas wirklich erarbeitet hat, weiß man auch seinen Wert zuschätzen. In England sagt man daher auch: „Hast du anfangs keinen Erfolg, so bemühe dich immer wieder!"

Realismus und Siegeswille

Mit dieser Haltung gelingt es Siegertypen aus Krisen wie Phönix aus der Asche aufzutauchen. Ein erfolgreicher Mensch behält sein Ziel im Auge und passt seinen Weg dabei immer den gegebenen Umständen an. Wunschdenken wird man bei Spitzensportlern nie antreffen. Sie verfügen in der Regel über einen ausgeprägten Realitätssinn und setzen sich mit der Welt auseinander, so wie sie ist. Ihre Zielsetzung ist ihrem Wertekanon und ihren Fähigkeiten angepasst. Die Umsetzung des gesetzten Ziels behalten Sie auch bei Rückschlägen immer im Auge. Ein dramatisches Beispiel für einen Sieger, der eine extreme Lebenskrise überwinden musste und jetzt wieder an der Spitze steht, ist Lance Armstrong. Der siebenfache Tour-de-France-Sieger musste sich einer schweren Krebskrankheit stellen und gesund werden, um anschließend wieder in die Radsport-Elite zurückkehren zu können.

Ein anderes Phänomen für die Überwindung einer schweren Krise, die ihn auch beinahe seine Karriere gekostet hätte ist der Profi-Golfer Bernhard Langer. Viermal überwand er die Puttkrankheit „Yips" und spielt weiter – in der Weltklasse.

Eine andere Möglichkeit bleibt immer, auch für einen Spitzensportler, seine Zielsetzung umzudefinieren und sie den aktuellen Lebensumständen anzupassen. Matthias Sammer, der ehemalige Fußballnationalspieler und EM-Sieger 1996, musste seine aktive Sportlerkarriere aufgrund ständiger Verletzungen vorzeitig an den Nagel hängen, holte sich die Fußball-Trainer-Lizenz und wurde 2002 als jüngster Trainer der Bundesliga-Geschichte mit Borussia Dortmund Deutscher Meister.

Doch nicht nur Einzelne können aus Krisen lernen oder sie überwinden, auch Mannschaften können aus harten Niederlagen die notwendigen Konsequenzen ziehen oder daran zerbrechen. So erlebte Bayern München 1999 im Champions League Finale in Barcelona seine schwärzeste Stunde: 1:0 führte man bis zu Beginn der Nachspielzeit, hatte mehr als eine Hand am begehrtesten Pokal des Vereinsfußballs. Doch innerhalb von zwei Minuten erzielte Manchester United zwei Tore und gewann völlig überraschend. Viele Fußballtrainer spielen diese zwei Minuten ihren Mannschaften immer wieder vor, um zu zeigen, was durch Glauben an sich selbst und mit dem nötigen Willen möglich ist. Auch die Bayern haben aus diesem Drama gelernt: Niemals aufgeben, bis zur letzten Minute vollen Einsatz bringen und positiv denken. Zwei Jahre später sicherten sie sich am letzten Spieltag der Bundesliga durch ein Tor in der Nachspielzeit die Deutsche Meisterschaft und durften auch den Champions League Pokal in die Vereinsvitrine stellen.

So sehen Sieger aus

Siegertypen gehen ihren Weg und der führt auf den Gipfel. Den wenigsten allerdings wird der Gipfelsturm geschenkt. Jedem Erfolg liegt Arbeit zugrunde, „efforts", wie die Engländer sagen, Anstrengung, Leistung eben. Siegertypen erbringen diese Leistung locker und entspannt. Sie haben Spaß an der Anstrengung. Die Arbeit macht sie glücklich, nicht nur per Endorphinschub beim Sport, sondern durch eine tief empfundene Freude am eigenen Können. Sieger erleiden beim Aufstieg keinen Burn-out, weil sie ihre Grenzen kennen und gut für sich sorgen. Wahre Sieger überwinden sogar schwerste Lebenskrisen, weil sie eine gesunde, positive Einstellung zum Leben haben. Siegertypen haben immer und zu jeder Zeit den unveränderten Willen zur Leistung, sie verzagen nicht auf halber Strecke, weil sie selbstbewusst sind, an sich und ihre Fähigkeiten glauben. Sie lieben das, was sie tun und würden sich wieder für den selben Weg entscheiden. Denn wir sind nur wirklich gut, wenn wir eins sind mit unseren Zielen.

Sieger stehen auf, wenn sie hinfallen und verlieren mit Fassung, nur um im Anschluss ihre Ziele neu zu definieren. Sie leben gesund, denken positiv, sind team- und beziehungsfähig. Sie verlieren sich nicht in Details, sondern behalten das große Ganze im Auge. Sie sind ausgeglichen, fähig Zufriedenheit zu empfinden und glücklich zu sein. Ein Siegertyp ist authentisch, lebt seine Identität, seinen Lebensentwurf und bleibt dabei teamfähig und kommunikativ. Er lebt eigenverantwortlich und sorgt für die Ausgeglichenheit zwischen Körper, Geist und Seele.

Tipp: Jeder, der beruflich erfolgreich sein will – insbesondere eine Führungskraft – kann sich, wie wir sehen, eine ganze Menge von Spitzensportlern abschauen. Schließlich ist die Wettkampfsituation in Unternehmen beinahe identisch mit der auf dem Spielfeld, dem Tennis- oder Golfplatz.

So spricht ein Sieger

Er hat keine Angst vor dem Elfmeter. Als einer der erfolgreichsten Spitzensportler aller Zeiten wird Oliver Kahn nicht nur in die Fußballgeschichte eingehen. Kahn, Torwart des FC Bayern München und ehemaliger Mannschaftskapitän der Deutschen Fußball-Nationalelf ist ein herausragendes Beispiel für einen Siegertyp. Er hat Mentorenqualitäten für den Nachwuchs. In einem Interview mit der Süddeutschen Zeitung (21.06.05), das die Konkurrenzsituation mit Jens Lehmann thematisierte, brachte der Einzelkämpfer Statements, die nicht nur für seine langjährige Erfahrungen mit Wettkämpfen auf höchstem Niveau, sondern insbesondere für seine Siegermentalität sprechen:

„Mental hat die Mannschaft einen guten Eindruck auf mich gemacht."

„Drucksituationen (sind) wichtig für die Spieler."

Über den Nachwuchs: „Die Jungs sind gut vorbereitet und wissen, worauf es ankommt. Diese Generation ist sehr stringent, sehr klar, sehr zielbewusst. Die jungen Leute haben insgesamt eine sehr professionelle Einstellung."

Über Konkurrenz: „Man muss sich von seinem Ego, von seinen Eitelkeiten, wenn sie denn vorhanden sind, frei machen und diesen Kampf annehmen. Man spürt dann mit einem Mal, dass das auch positive Aspekte hat. Es bringt einen nämlich weiter, als man zu sein glaubte, macht einen noch einen Tick stärker. Sportlich und menschlich."

„Ich kann nicht sagen, ich habe schon viel erreicht, und da, wo ich jetzt stehe, stehe ich für immer. Sondern ich muss neue Dinge angehen, mein Training ein bisschen verändern. Das gilt auch außerhalb des Fußballs, egal in welchem Job, man muss sich weiterentwickeln. (...) (Das habe ich) doch eigentlich immer gebraucht. Sportlichen Wettkampf, nicht mehr, nicht weniger."

„Niemanden interessiert (...), was geleistet worden ist, sondern das, was geleistet wird."

„Ich habe eigentlich alles erreicht in meiner Karriere, ich habe nur noch eine kleine Rechnung offen (0:2-Niederlage gegen Brasilien im WM-Finale 2002, die Red.) – und die möchte ich 2006 begleichen. Dafür werde ich alles tun."

„Ich denke nicht ans Scheitern."

„Daran sieht man, wie unheimlich fixiert ich sein kann, wenn ich mir ein Ziel gesetzt habe."

Reflexionsfähigkeit und Leistungsbereitschaft

Sehen wir uns die Aussagen im Einzelnen an: Kahn bewertet das verjüngte Team nach seinem „mentalen" Zustand. Nach der geistigen Einstellung, der inneren Haltung, wird der Gesamtzustand der Mannschaft beurteilt. Es geht nicht um Fitness oder besondere Talente, sondern allein um den „spirit", der Erfolg versprechend wirkt.

Dass Drucksituationen wichtig sind, heißt allein, dass Wettbewerb bzw. der Wettkampf einer der wesentlichen Momente ist, der die Siegermentalität zum Ausdruck bringt. Hier müssen die Sportler zeigen, was sie können, müssen sich besser als im Training erweisen.

Dann die Kernaussagen zur Wettbewerbsfähigkeit: gute Vorbereitung, zielgerichtetes Verhalten und vor allem Klarheit. Das nennt er eine professionelle Einstellung, eine Aussage, die jeder Personalchef unterschreiben würde, wenn es um das Anforderungsprofil von Junior-Managern geht.

Sehr reflektiert wirkt seine Beschreibung über den Umgang mit einer Konkurrenzsituation. Auffällig seine hohe Frustrationstoleranz, der Abschied von der eigenen Ich-Fixierung, der Abschied von der Eitelkeit, wie er betont. Das macht innerlich frei, stimmt ruhig und lässt das Ziel definieren, in diesem Fall, den Kampf anzunehmen. Dieser Akt der Selbstbesinnung macht ihn schon stark und bringt ihn, wie er selbst betont, weiter. Weiterentwicklung, Verbesserung der bestehenden Leistung, Überprüfung der bisherigen Ziele – ein Sieger braucht diesen Prozess. Er gehört zu seinem Lebensentwurf, treibt ihn an und verleiht ihm gleichzeitig sein unverwechselbares Charisma. Die letzten Sätze zeichnen den Kämpfer aus, der in der Lage ist, sich auch unter ständigem Beschuss der Medien neu zu definieren, der sich neue Ziele setzt und diese beharrlich verfolgt.

Siegertyp, Siegermentalität und Wettkampftyp

Vergleichen wir die Aussagen aus diesem Interview mit der wissenschaftlichen Grundlagenforschung, kommt es zu interessanten Überschneidungen. In einer sportpsychologischen Profilanalyse wurden Sportstudenten befragt, welche Eigenschaften Sieger- und Wettkampftypen aufweisen müssen und wodurch sich eine Siegermentalität ausdrückt. Die Befragten kamen zu dem Schluss, dass sich Siegertyp, Wettkampftyp und Siegermentalität nicht voneinander trennen lassen.

Sieger im Sport zeichnen sich aus durch:
- Selbstvertrauen und Entschlossenheit
- Mentale Stärke/Positives Denken
- Ehrgeiz und Lernbereitschaft
- Spielintelligenz und Kreativität
- Siegeswille/Willensstärke und Mut
- Konzentration, Nervenstärke und Innere Ruhe
- Spaß am Sport/Wettkampf
- Hohe Frustrationstoleranz und Abgeklärtheit bzw. Wettkampfhärte/Leidensfähigkeit
- Leistungsbereitschaft und Perfektionsstreben
- Lockerheit

Im Vergleich dazu kennzeichnet den Verliertypen, dass er im Wettkampf deutlich schlechter ist als im Training und Angst vor der Niederlage hat. Außerdem fehlen ihm Selbstvertrauen, Siegeswille/Willensstärke, Ehrgeiz, gute Nerven, mentale Stärke, positives Denken, Konzentration und Durchhaltevermögen.

Die meisten der hier abgefragten psychischen Eigenschaften eines Sieger- oder Wettkampftypen fielen in dem Gespräch mit Kahn, als er über seine innere Haltung in der Konkurrenzsituation mit Lehmann berichtete. Und jedes dieser Attribute lässt sich ohne weiteres als Kernqualifikation für Führungskräfte übertragen.

Tipp: Ein Trick, den alle Erfolgstrainer empfehlen: Übernehmen Sie die bewährten Strategien von erfolgreichen Menschen, von kreativen Kämpfern, von Spitzensportlern. Ungeahnte Möglichkeiten werden sich Ihnen eröffnen.

Die Säulen hervorragender Leistungen: Werte

- Alle erfolgreichen Menschen sind aktiv und immer bereit die Initiative zu ergreifen. Es gibt kein Aufschieben und Vertrödeln, keine Trägheit, kein Unterlassen von notwendigen Handlungen. Siegertypen sind immer bereit, alles zu geben. Sie machen das Beste aus jeder Situation, sind zuversichtlich und blicken nach vorne. Sie sind überzeugt, dass es immer eine zweite Chance gibt und bleiben mit beiden Beinen auf dem Boden.

- Sie sind arbeitswillig und strengen sich gerne an. Jeder Sportler, jeder erfolgreiche Manager weiß, dass ihm seine Siege und Erfolge nicht so ohne weiteres in den Schoß fallen. Selbst Ausnahmetalente müssen trainieren, und zwar tagtäglich. Dasselbe gilt auch für Kreative. Kein Künstler wartet auf eine erhellende Eingebung. Auch Kunst ist in erster Linie die Beherrschung eines Handwerks und damit harte Arbeit.

- Willenskraft und Durchsetzungsvermögen sind wichtig bei der Konzeption und Umsetzung der eigenen Ziele. Dazu gehören auch eine klare Vorstellungskraft und der Glaube an die eigenen Fähigkeiten. Hinzu kommt die tiefe Überzeugung, auf seine Art einzigartig zu sein. Ein erfolgreicher Mensch ist sich seiner Besonderheit bewusst, der Talente, die ihn auszeichnen, und seines Wettbewerbsvorteils gegenüber anderen.

- Erfolgreiche Menschen zeichnen sich durch Beharrlichkeit und Geduld aus. Sie bleiben am Ball, auch wenn sie von Rückschlägen gezeichnet sind. Schnellschüsse zählen nicht. Es geht um dauerhaften Erfolg. Dazu gehört auch Selbstdisziplin, also die Fähigkeit seinen Willen, sein Bewusstsein und sein Verhalten zu kontrollieren. Auch gegen den inneren Schweinehund oder wenn einem der Wind ins Gesicht weht. Steffi Graf meisterte allein mit Selbstdisziplin und eisernem Willen den Image-Verlust, den ihr Vater mit seinen dubiosen Geschäften ihr zufügte. Franz Beckenbauer, der Kaiser des deutschen Fußballs betont, dass das Geheimnis seines Erfolgs vor allem „Beharrlichkeit und harte Arbeit" ist. Denn hinter jedem Erfolg steckt Leistung.

- Sieger verfügen über Intuition und verlassen sich auch bei wichtigen Entscheidungen auf ihr „Bauch-Gefühl". Logisches Denken und analytische Fähigkeiten reichen nicht immer aus, wenn es um Erfolg versprechende Entscheidungen geht.

- Ehrlichkeit und Integrität sind die Königstugenden für ein glückliches, erfülltes, erfolgreiches Leben, für Glück. Geradlinigkeit und Unbescholtenheit sind in den Haifischbecken mancher Führungskräfte wenig verbreitet. Trotzdem gelten diese Werte als Säulen für ein Leben, das nicht nur dem eigenen Nutzen sondern auch dem der Gemeinschaft dient. Noch einmal Aristoteles: Ehrlichkeit, Integrität, Tugendhaftigkeit, Mut, Großzügigkeit und Durchhaltevermögen machen erst den wahrhaft Erfolgreichen aus. Denn der bleibt seinen Werten treu und ist damit authentisch. Das Tennispaar Graf-Agassi mit zwei großen Karrieren und einem vorbildlichen Privatleben ist ein Musterbeispiel für diese Königstugenden.

- Mut und Risikobereitschaft sind unabdinglich, wenn es um gute Leistungen geht. Verpassten Chancen hinterher zu jammern ist nicht die Angelegenheit von Siegern. Außerdem machen Risiken das Leben spannend.

- Probleme sind immer eine Chance, eine Situation zu verbessern. Ein Sieger stellt sich dem Problem und steckt nicht den Kopf in den Sand. Er ist lösungsorientiert, wird alles tun, um das Problem konstruktiv zu lösen und wird im Zweifelsfall auch um Unterstützung bitten.

- Ein Siegertyp ist immer bereit zu lernen und sich weiterzuentwickeln. Er ist offen für Neues und für Veränderungen.

● Jeder erfolgreiche Mensch liebt das, was er tut. Wenn uns eine Tätigkeit Freude bereitet, dann fällt sie uns auch nicht schwer. Nur dann können wir etwas wirklich gut. Der Siegertyp ist begeisterungsfähig und steckt damit andere an. Jürgen Klinsmann verfügt als Bundestrainer und Chef-Motivator der Deutschen Fußball-Nationalmannschaft genau über diese Ausstrahlung.

Tipp: „Wir neigen dazu, Erfolg eher nach der Höhe unserer Gehälter zu bestimmen als nach dem Grad unserer Hilfsbereitschaft und dem Maß unserer Menschlichkeit." So Martin Luther King. Auch wenn Geld eine wichtige Komponente in unserer Welt darstellt, ein kompletter Mensch besteht aus mehr als Status.

Wir sind, was wir aus uns machen

Kein Mensch wird als Sieger geboren. Zwar gibt es genetische Voraussetzungen, die unseren Körperbau, bestimmte Neigungen und Talente und auch geistige Fähigkeiten festlegen. Das meiste, was uns allerdings als Erwachsene im Positiven wie im Negativen ausmacht, lernen wir über Erfahrungen – und zwar von frühester Kindheit an. Denn alles, was wir gelernt haben, verinnerlichen wir, speichern wir im Gehirn, können es von hier aus abrufen und – damit werden wir arbeiten! – weiterentwickeln, gegebenenfalls auch zum Positiven hin verändern.

Unser Gehirn ist eine der außergewöhnlichsten Entwicklungen der Evolutionsgeschichte. In dem hochempfindlichen Organ liegen die wichtigsten Schalt- und Steuerungszentren unseres Körpers. Es ist das Zentrum für alle Sinnesempfindungen und Willkürhandlungen, Sitz des Bewusstseins und des Gedächtnisses, aller geistigen und seelischen Leistungen. Letztere sind unterhalb der so genannten Bewusstseinsschwelle gespeichert und sind dem Bewusstsein zugänglich aber nicht präsent. Sichtbar wird das Unterbewusstsein im Schlaf, wenn wir Träumen. Die Bilder, die jetzt auftauchen, sind Abbildungen seelischer Prozesse, denn in der Entspannung sortiert unser Unterbewusstes – Geist und Seele – oder macht auf außergewöhnliche seelische Situationen aufmerksam, für die wir im bewussten Alltag keinen Blick oder keine Zeit haben.

Alle psychoanalytischen und tiefenpsychologischen Vorgehensweisen arbeiten mit den Informationen des Unterbewusstseins. Hier liegt unser wahres Ich verborgen, unsere wahren Wünsche, unsere wirklichen Talente aber auch unsere Ängste und inneren Bremsen. Sigmund Freud, der Vater der Psychoanalyse, verglich den Geist des Menschen mit einem Eisberg. Ein Siebtel – unser Bewusstsein – ragt über das Wasser, der Großteil allerdings – unser Unterbewusstsein – ist unsichtbar. Trotzdem ist dieser unsichtbare Teil die tragende Basis für den Gipfel. Mit diesem Bild ist auch nachvollziehbar, dass tatsächlich 90 Prozent unserer Entscheidungen unbewusst sind. Das Unterbewusstsein spielt also die entscheidende Rolle in der Umsetzung unseres Potenzials.

Wie unser Unterbewusstsein arbeitet

Das Gehirn kann man sich als Netzwerk von Milliarden von Nervenzellen vorstellen, die ständig miteinander kommunizieren. Es arbeitet immer, selbst im Schlaf. Alle Informationen, die auf uns einströmen, werden von den Sinnen aufgenommen, im Gehirn verwertet und an den Körper weitergeleitet. Wir spüren beispielsweise sommerliche Hitze, also schaltet der Körper um auf die Schweißproduktion, um die Körpertemperatur zu regulieren. Wir haben das Gefühl, durch den Dauerstress die Bodenhaftung zu verlieren. Also träumen wir vielleicht, wir stehen auf einem Berg und kommen nicht mehr hinunter. In unserem Gehirn sind alle Grundlagen vorhanden, die uns so leben lassen, wie wir es heute tun, mit allen Fähigkeiten, Gefühlen, Gedanken und Träumen. Dank unseres Gehirns können wir laufen und lesen, Autofahren und beim Anblick von Heidi Klum bedauern, dass sie leider Seal anstatt uns genommen hat – oder andersherum –, wir können unsere kleine Tochter trösten, wenn sie sich beim Radfahren das Knie aufgeschlagen hat und von einem Katamaran auf dem Starnberger See träumen. Und wir können lernen und uns weiterentwickeln, negative Programme umpolen und uns erfolgreich selbst motivieren. Denn das Unterbewusste lässt sich über das Bewusstsein programmieren.

Für das Unterbewusstsein ist eine wirkliche Erfahrung nicht von einer unwirklichen zu unterscheiden. Als Bergsteiger kennen Sie das erhebende Gefühl, wenn Sie nach stundenlangem schweißtreibenden Aufstieg am Gipfelkreuz stehen und Ihren Blick über die umgebenden Massive und Täler schweifen lassen. Doch auch wenn Sie bisher im Leben noch keinen Berg erklommen haben, können Sie sich vorstellen, wie Sie hinaufgehen und sich anstrengen müssen. Zwischendurch machen Sie eine Pause, dann wandern sie wieder ganz locker weiter und schließlich gelangen Sie oben an. Das Unterbewusstsein speichert in diesem Fall beispielsweise ab, dass Bergsteigen im Großen und Ganzen eine angenehme Beschäftigung ist, dass es nicht schlimm ist, wenn man sich zwischendurch anstrengen muss und dass das Gefühl oben angekommen zu sein, ein Gutes ist. In der Tiefenpsychologie nennt man solche Vorstellungen, die sich mit jedem beliebigen Szenario wiederholen lassen, Visualisierungen. Sie lassen sich, vor allem wenn man sie gezielt und in Ruhe durchführt und regelmäßig wiederholt, im Unterbewusstsein verankern. So speichern Sie positive Erfahrungen, die Sie im täglichen Leben mit Anstrengungen und Leistung leichter umgehen lassen.

Wenn Sie Ihre Leistungsfähigkeit positiv verändern möchten, dann lohnt es sich, eine authentische Bestandsaufnahme vorzunehmen. Denn nur wenn wir wissen, wie es in unserem Inneren wirklich aussieht, können wir bestimmen, wo wir hingehen.

Kindliche Programmierungen, die heute noch wirksam sind
Schon als Kleinkinder lernen wir,
... ob wir uns auf andere Menschen verlassen können
... wie wir mit Konflikten umgehen
... wie wir andere Menschen respektieren
... ob wir teamfähig sind
... ob wir beziehungsfähig sind
... wie wir mit dem anderen Geschlecht umgehen
... ob wir Verantwortung übernehmen können
... ob wir eine Führungsnatur sind
... wie wir uns als Mann/Frau sehen
... wie wir uns entspannen
... wie wir lernen
... wie wir das Leben sehen
... ob wir bereit sind, uns weiter zu entwickeln
... wie selbstbewusst wir sind

Motivationshindernisse ausschalten

Genauso wie positive Erfahrungen verankern sich negative Erfahrungen im Unterbewusstsein. Der Satz „Lass das, das kannst du nicht" mag dem Vater Zeit beim Reifen wechseln sparen. Den Siebenjährigen, den er so anpflaumt bringt es nicht weiter. „Du bist eben ein Mädchen und kannst kein Mathe" wirkt auf die kleine Tochter ebenso entmutigend wie „So wie Du herumläufst, bekommst Du nie einen ab!". Wer mit solchen Botschaften groß wird, traut sich irgendwann nichts mehr zu.

Andere ungünstige Erfahrungen in Kindheit und Jugend wiederum können Ängste und Verhaltensweisen verstärken, die uns heute zu Fußangeln werden. Im Alltag sind sie dann spürbar als handfeste Motivationshindernisse, die unsere Möglichkeiten und unsere Fähigkeit zur Selbstmotivation beschränken. Wir kommen nicht mehr voran, stehen uns selbst im Weg.

Erinnern wir uns an die sportpsychologische Profilanalyse. Die größten Motivationshindernisse sind demnach Angst und mangelndes Selbstvertrauen.

Tipp: Um mit dem Motivationstrainer Jörg Löhr zu sprechen „Angst ist der größte Feind des Erfolgs. Handlung ist der größte Feind der Angst."

Angst ist ein schlechter Lehrmeister

Angst gehört zu jenen wenigen Worten im Deutschen, die es als Begriff auch in andere Sprachen gebracht haben. Angst hat viele Facetten – es ist die Angst vor der Niederlage, aber auch Angst vor unbekannten Situationen, Versagensängste oder Angst, Fehler zu machen und Schwächen zu zeigen. Angst ist grundsätzlich ein wichtiges und richtiges Gefühl, wenn es um die richtige Reaktion auf Risiken und Gefahren geht. Flucht oder Angriff ist eine der Wahlmöglichkeiten, die uns das Gehirn vorgibt. Wenn die Angst zum Dauerzustand wird, vertraut man nicht mehr seinen Möglichkeiten zum Angriff und neigt dazu, sich völlig aus dem Leben, aus dem Geschäft, von allen wesentlichen Entscheidungen zurückzuziehen. Die Angst lähmt dann und schneidet uns ab, von unseren Ressourcen, unserem Potenzial. Wer Angst hat, bekommt im Wettkampf das große Nervenflattern, er kann nicht mehr klar denken. Es ist unmöglich einen positiven Gedanken zu fassen, sich zu konzentrieren und eine Stress-Situation erfolgreich aus- und durchzuhalten.

Hinter jeder Angst sitzt eine Programmierung. Manchmal kann man sich an besonders entwertende Aussagen erinnern, die einen sehr getroffen haben. Im schlimmsten Fall gibt man sie an die eigenen Kinder weiter, weil man sie normal und – leider – für okay hält. Starke Ängste sind oft tiefsitzende Programmierungen, die sich nicht ohne weiteres und ohne professionelle Hilfe auflösen lassen. Mit jeder Angst kann man jedoch umgehen lernen. Es liegt allein an Ihnen, ob Sie sich Ihren Ängsten stellen, denn das ist der erste Schritt.

Mangelndes Selbstvertrauen

Wer von Kindheit an negativ geprägt ist und nie gelernt hat, Vertrauen zu sich selbst zu entwickeln, tut sich schwer, überzeugende Leistungen zu erbringen. Im besten Fall geht es einen bestimmten Zeitraum lang gut, indem man sich hemmungslos überfordert und bricht dann zusammen. Burn-out, Rückenprobleme und Tinnitus sind typische Symptome für Menschen, die immer über ihre Grenzen hinausgehen. In vielen Fällen nimmt mangelndes Selbstvertrauen eine ganz andere Maske an. Wir sind dann beispielsweise unfähig, Kritik zu vertragen. Jede Kritik bedeutet immer eine Abwertung der eigenen Person, des eigenen Selbst. Dahinter stecken tiefe Minderwertigkeitsgefühle. Eine andere Verkleidung für selbstbewusstes Verhalten ist der Perfektionismus. Wer sich nicht zutraut Fehler zu machen, weil er dafür immer bestraft wurde, engt seine Möglichkeiten und seine Kreativität ein. Dem Perfektionisten unterlaufen zwar weniger Fehler, weil er seine ganze Energie allein darauf verlegt, doch versperrt er sich neue Wege, ist nie zufrieden und scheitert irgendwann an seinen überhöhten Ansprüchen. Hinter dem Perfektionismus steckt in der Regel ein massives Selbstwertproblem und der unerfüllte Wunsch nach Anerkennung. „Nichts, was ich tue, ist gut genug."

So kriegen Sie Ihr Leben in den Griff

- Übernehmen Sie die Verantwortung für Ihren Weg, für das, was Sie tun und was Sie lassen. Stellen Sie sich auch Situationen, die Ihnen Angst machen. Übernehmen Sie auch für Misserfolge die Verantwortung. Keine Ausreden und Schuldzuweisungen mehr. Es ist einfacher, macht mehr Sinn, eine negative Erfahrung zu schultern.

- „Okay, es ist schief gelaufen. Ich kann es nicht mehr ändern" – und weiter nach vorne zu gucken – „Aber ich sehe zu, dass es in Zukunft besser läuft!".
- Üben Sie Entschlossenheit. Kein „ich könnte" oder „sollte", kein „vielleicht versuche ich das ja mal", kein „eigentlich möchte ich schon". Verbannen Sie diese Unsicherheitsfloskeln aus Ihrem Sprachgebrauch. Weichen Sie den Aufgaben nicht mehr aus, verschieben Sie nichts auf einen späteren Zeitpunkt.
- Kritik kann äußerst konstruktiv sein, wenn wir nicht zulassen, sie persönlich zu nehmen. Filtern wir aufmerksam die notwendige Information heraus, kann sie uns durchaus weiterbringen. Grundsätzlich geht es bei der selbstbewussten Einordnung von Kritik immer um die Formulierung „Das ist nicht okay." Lautet sie allerdings „Du bist nicht okay," kann man sie mit einem „Meine Bewertung steht hier außer Frage. Es geht schließlich nur um die Sache," entkräften.
- Üben Sie Gelassenheit und teilen Sie Ihre Projekte in kleinere Einheiten ein. Lernen Sie, Fehler zu verzeihen und messen Sie sich nicht an anderen mit anderen Stärken (und Schwächen). Seien Sie vielmehr stolz auf Ihre Fähigkeiten und Talente. Sie sind nicht Ihre Arbeit, und wenn Sie sich weiter dahinter verstecken, wird man Ihr ganzes Potenzial auch nicht entdecken können. Lernen Sie „Nein" zu sagen. Die anderen werden sie ernster nehmen, wenn Sie Grenzen ziehen, als wenn Sie jedes Soll übererfüllen.

Die richtigen Ziele setzen

Sie haben auf den letzten Seiten erfahren, wie Sie Ihre bisherige Situation analysieren und reflektieren können. Und Sie sind fit im Visualisieren also im Vorstellen von neuen Bildern, die Sie in Ihrem Gehirn verankern möchten, damit Sie sich zukünftig effizienter motivieren können. Je ruhiger, offener und ehrlicher mit sich selbst Sie dabei sind, desto stärker wird sich Ihr Positivprogramm in Ihrem Unterbewusstsein verankern. Bei Ihrer neuen oder sagen wir überarbeiteten Zielsetzung geht es in erster Linie darum, Sie wieder zu Ihren inneren Leitbildern zurückzuführen. Denn nur in dem, woran wir glauben, sind wir stark und überzeugend. Viele junge Menschen lassen sich Ziele überstülpen, ohne zu hinterfragen, ob sie auch zu ihnen passen. Über Wunschträume und Vorstellungen, die man als Jugendlicher gehegt hatte legen sich Erfahrungen und Einflüsse anderer Menschen, die einem wichtig sind, die aber eben nicht unser Leben führen, sonder ihr eigenes. Statt das Leben aus eigener Kraft zu gestalten, geht man dann den Weg der anderen oder wird kleinmütig und übermäßig kompromissbereit. Alles keine Siegerqualitäten und nichts, was es zu motivieren lohnt. Umso wichtiger ist es, sich und seine Zielsetzungen immer wieder zu hinterfragen. „Stehe ich wirklich hinter dem, was ich tue oder ist der Preis zu hoch, den ich dafür zahle?" Entdecken Sie Ihren eigenen Lebensplan wieder. Den haben Sie ganz persönlich entworfen und nur durch Sie kann er umgesetzt werden. Sie haben bereits mit einer kritischen Eigenbilanz begonnen, Sie haben Ihre Werte formuliert und haben Vorstellungen, wo es hingehen kann. Sie ändern Ihre Einstellung zu Ihrem Körper, setzen ganz bewusst Ihren Geist für Ihre Erneuerung ein und werden sehen, Ihr eigentliches Ich, das im Unterbewussten verankerte, wird Ihnen folgen.

Die Rückkehr zu Ihren echten Zielen

Nur wer mit sich im Reinen sind, kommt erfolgreich bei anderen Menschen an. Konzentrieren Sie sich deshalb auf Ihr Selbstbild als Kind, Jugendlicher und junger Erwachsener. Welchen Sinn hatte Ihr Leben damals für Sie. Wo wollten Sie hin? Wo lagen Ihre Prioritäten? Womit haben Sie sich gerne und mit Engagement beschäftigt? Lassen Sie sich nicht beirren, ob das heute noch realisierbar ist. Es geht allein um Ihre individuelle Persönlichkeit. Die Motivation für alles, was Sie sich in Ihren Lebensplan, in Ihre neue Zielsetzung einbauen können, soll nur aus einem authentischen „Ja" zu sich selbst bestehen. Als Jugendliche waren die meisten von uns aktiv, weltoffen, sensibel und begeisterungsfähig. Ab Mitte 20 ziehen mit dem Beruf und vielleicht einer festen Partnerschaft Routine und der Rückzug vom Leben dort draußen ein. Sie können sich im Hinblick auf Ihre Vergangenheit und auf Ihre Ressourcen und Stärken für eine neu entdeckte Kreativität entscheiden, eine wiedergewonnene Attraktivität durch einige Wochen vernünftiger Ernährung und ein passendes Sportprogramm und für geistige Höchstleistungen auf den Gebieten, die Sie immer schon interessiert haben, aber vielleicht lange Jahre brach lagen. Eingefahrene Gleise sind der Tod jeder Kreativität und Begeisterungsfähigkeit. Achten Sie darauf, sich nicht von der Routine ersticken zu lassen und lernen Sie auszubrechen, wenn es zu eng wird. Dazu müssen Sie nicht gleich die Wohnung, den Job oder den Partner wechseln. Das bringt ohnedies nichts. In der Regel führt man nach einer solch oberflächlichen Korrektur den alten Trott, lediglich unter neuen Umständen, weiter. Viel wichtiger: Bleiben Sie neugierig. Seien Sie auf der Spur von neuen Einsichten und Erkenntnissen, die Sie weiterbringen. Und: Führen Sie kein fremdbestimmtes Leben, nehmen Sie das Gespräch mit sich selbst wieder auf: Sie sind, der Sie sind und niemand kann Ihnen dieses Selbstbewusstsein nehmen.

Tipp: Christian Morgenstern drückt das Thema Zielsetzung gewohnt humorvoll aus: „Wer vom Ziel nichts weiß, kann den Weg nicht haben, wird im selben Kreis, all sein Leben traben."

Charisma durch Authentizität

Unter Charisma (griech. Gnadengeschenk) versteht man eine starke persönliche Ausstrahlung mit fast magischer Anziehungskraft. Sie entsteht, wenn ein unerschütterlicher Glaube an sich selbst besteht. Das macht den eigenen Auftritt selbstsicher und unwiderstehlich. Charisma hat mit Attraktivität nichts zu tun. Auch beispielsweise kleine, beleibte Männer können durch ihr Verhalten und ihre Körpersprache Begeisterungsfähigkeit, Vitalität, Optimismus und Humor ausdrücken. Napoleon Bonaparte oder Julius Caesar waren charismatische Persönlichkeiten. Ein Großteil ihrer militärischen Erfolge ist auf ihr Charisma zurückzuführen. Heute erleben wir Charisma häufig als Inszenierungen bei Prominenten, bei denen es sich im wahren Leben weniger um überragende Persönlichkeiten handelt. Über ein natürliches, authentisches Charisma verfügen naturgemäß nur wenige. Doch jeder hat zumindest einen Hauch von Ausstrahlung und den gilt es zu kultivieren. Denn er ist die halbe Miete für einen erfolgreichen Auftritt. Denken Sie daran, wie Sie sind und sich fühlen, wenn Sie begeistert von einer Theateraufführung sind, gerade eine herrliche Mountainbike-Tour machen oder sich verliebt haben. Diesen Zustand sollten Sie wieder anstreben, also aktiv sein, sich Erfolgserlebnisse im Alltag schaffen, Misserfolge nicht persönlich nehmen oder am besten sogar humorvoll abfedern, Eigenheiten pflegen und nicht die anderer imitieren, offen sein und Zivilcourage zeigen – also auch den Konflikt nicht scheuen.

Wer sein Ziel kennt, kennt den Weg (Lao-tse)

Derjenige, der sein Ziel gefunden hat, wird zukünftig nicht mehr unter Motivationsproblemen leiden. Er steht morgens erfrischt auf, ist auch noch spätabends motiviert, spürt sich und sein Potenzial. Wer sich dagegen vom ersten Aufwachen an durch den Tag schleppt und sich am Feierabend vor dem Fernseher von den banalen Alltagsproblemen anderer Leute berieseln lässt, der ist weit weg von sich und seiner Kraft. Ein echtes Ziel erzeugt in jedem von uns die Energie, die richtigen Entscheidungen zu treffen und gibt unserem Leben die Richtung, die für uns stimmt und uns zum Erfolg führt. Unser Gehirn ist unser Navigationssystem. Es bringt uns immer ans Ziel, selbst wenn wir zwischendurch einmal straucheln oder Fehler machen. Nur müssen wir unser Ziel auch eingeben. Dann findet unser Unterbewusstes den Weg von ganz alleine. Bevor wir uns an die Zielformulierung machen, verinnerlichen Sie vorher die folgenden Grundsätze:

- Begeisterung. Das richtige Ziel bringt uns quasi von alleine in die Gänge.
- Positive Formulierung des Ziels. Es nützt wenig, zu hoffen, bei der nächsten Beförderung nicht wieder übergangen zu werden. Die richtige Formulierung muss lauten: „Nächstes Mal bin ich an der Reihe. Ich bin gut."
- Klarheit. Keine schwammigen Universalaussagen. Es reicht nicht, sich ein erfüllteres Privatleben zu wünschen. Konkret muss das heißen: „Ich will neben dem Wochenende noch zwei Abende die Woche mit meiner Familie verbringen und viel Spaß haben. "
- Sie sind der Meister Ihres Lebens. Keine Fremdbestimmung mehr. Nur Sie können entscheiden, ob ein Ziel umsetzbar ist oder nicht. Sie alleine tragen die Verantwortung für Ihr Leben.
- Das Ziel muss erreichbar sein. Verlassen Sie eingefahrene Gleise und wandeln Sie auf der Landstraße, wenn es ansteht. Greifen Sie aber nicht gleich nach dem Unmöglichen. Gehen Sie Schritt für Schritt vor. Sicher, wenn einen das Leben bereits krank gemacht hat, dann hilft oft nur eine Radikallösung, um das Ruder herumzureißen. Sie kennen sich selbst am besten, um zu wissen, wie weit Sie mit sich gehen können. Grundsätzlich gilt: Setzen Sie sich kleine Ziele und erreichen diese. Dann setzen Sie sich neue, größere – und erreichen diese ebenfalls.

- Hinterfragen Sie Ihr Ziel. Warum wollen Sie das Ziel erreichen? Welche Vorteile erwachsen Ihnen daraus? Nützen Ihnen diese Vorteile wirklich? Machen sie Ihr Leben lebenswerter?
- Setzen Sie sich einen Termin. Ein fester Zeitrahmen lässt Sie rasch aktiv werden. Sollten Sie das Ziel dennoch nicht erreicht haben, dann setzen Sie sich einfach einen weiteren Termin.
- Ihr Ziel muss mit Ihren Werten und ihrem Ich übereinstimmen.
- Visualisieren Sie täglich vor dem Einschlafen Ihre Ziele.
- Überprüfen Sie in regelmäßigen Abständen, etwa jedes Vierteljahr, Ihre Ziele: Was gewinne ich durch das erreichte Ziel? Was muss ich dafür aufgeben? Wie reagiert mein Partner/meine meine Familie darauf? Füge ich anderen Menschen mit meiner Zielsetzung Schaden zu?

Die Kunst des Visualisierens

Ein höchst wirksames Instrument, das die Tiefenpsychologie entwickelt hat um das Unterbewusstsein zu beeinflussen, ist das Visualisieren. Geht es in der Therapie in erster Linie darum, krankmachende Verhaltensweisen tiefenpsychologisch zu verändern, können wir dieses Instrument sehr effizient zur Selbstmotivation nutzen.

- Unser Unterbewusstsein denkt in Bildern. Wenn wir uns starke Bilder ausdenken, die uns innerlich bewegen oder mit Begeisterung erfüllen, speichert das Unterbewusstsein diese genauso ab wie tatsächlich gemachte Erfahrungen.
- Ihnen geht es um ein neues Selbstbild. Sie haben bereits begonnen, etwas für Ihren Körper zu tun, haben Ihre Ernährung umgestellt. Nun geht es an den Kern. Denken Sie sich für Ihre Zielsetzung ein Bild aus. Das kann erst einmal etwas ganz Einfaches sein: Sie malen sich beispielsweise aus, wie Sie am nächsten Morgen erfrischt aufwachen, gut gelaunt aufstehen und Ihrem Partner einen Morgengruß auf dem Frühstückstisch hinterlassen. Sie sehen blendend aus, fahren in die Arbeit, begrüßen die Kollegen herzlich und werden ebenso freundlich von ihnen empfangen. Das Montagsmeeting betreten Sie voller Elan und positiv gestimmt etc.
- Visualisieren Sie diese Bilder abends vor dem Einschlafen und morgens kurz nach dem Aufwachen mit geschlossenen Augen. Wiederholen Sie die Visualisierung gegebenenfalls mehrere Tage lang. Je überzeugter Sie an das glauben, was Sie sich ausdenken, desto eher tritt die erfolgreiche Umsetzung ein.

- Das große Plus des Visualisierens besteht nicht nur in der Umsetzung von konkreten Zielen, z.B. bei einem Wettbewerb zu gewinnen oder eine Prüfung zu bestehen. Sie sind auf jeden Fall in der konkreten Situation gelassener, denn ihr Unterbewusstsein kennt das Szenario ja bereits.

Selbstbewusst und mit Stärke den Wettbewerb aufnehmen

Unser Wollen, unsere inneren Werte und unsere Wünsche/Zielsetzungen speisen unsere Motivation. Stimmen Wollen und Wertekanon mit unserem Selbstbild überein, dann sind wir fähig, uns für alles, was uns wichtig ist zu begeistern. Diese Begeisterung wird zur bedeutendsten Energiequelle unseres Lebens. Deshalb kann Motivation, also der Antrieb etwas Kreatives, Konstruktives in Bewegung zu setzen, nie von außen kommen. Hier erfahren wir allenfalls Anerkennung und Lob für bereits Geleistetes. Das bestätigt uns zwar, feuert aber nicht an. Doch die Energie, die irgendetwas in Bewegung bringt, die Ausdauer verleiht und Hindernisse überwinden hilft, stammt allein von uns. Echte Motivation besteht nie aus äußeren Anreizen oder aus der Angst, vor die Tür gesetzt zu werden. Wer das, was er tut, nicht gerne tut, wird immer nur so viel leisten, um gerade eben sein Gehalt, seine Prämie, sein Incentive zu erreichen.

Tipp: Kein Geringerer als Immanuel Kant wusste über Motivation Bescheid: „Alle Stärke wird nur durch Hindernisse erkannt, die sie überwältigen kann."

Mögliche Hindernisse

Motivationshemmnisse sind ganz unterschiedlicher Natur. Ein gestecktes Ziel zu verfehlen ist enorm frustrierend. Deshalb sollten Sie immer wieder prüfen, ob Ihr Weg auch der richtige ist. Ein anderes Hindernis ist die Bequemlichkeit. Hier ist der Leidensdruck etwas zu ändern in der Regel nicht besonders groß. Man schiebt Veränderungswünsche erst einmal auf die lange Bank. Wer bequem ist, ist allerdings auch nicht leistungsfähig und wird nichts Überdurchschnittliches zu Stande bringen, geschweige denn Ziele erreichen. Deswegen ist es eine reine Frage der Zeit, bis man die Quittung für seine Selbstzufriedenheit erhält. Im Job bedeutet das heute nicht selten das Aus.

Dramatisch wird es, wenn die Situation bereits eskaliert, der Job verloren oder die Gesundheit massiv angegriffen ist. Doch auch in diesen Situationen, die auf den ersten Blick entmutigend und lähmend wirken, stecken große Chancen. Oft sind solche Lebenskrisen die Gelegenheit, sein Leben völlig umzukrempeln. Je offener wir sind, die psychischen Themen, die hinter Misserfolgen oder körperlichen Beschwerden stecken, zu bearbeiten, desto leichter können wir Belastendes, Hemmendes loslassen. Je größer der Rückschlag, desto mehr sind wir gefordert, unsere Kräfte zu sammeln um uns wieder in Bewegung zu bringen. Desto stärker ist die Motivation etwas zu verändern.

Andere Motivationshindernisse liegen in einem negativen Selbstbild, in einem mangelnden Selbstwertgefühl, aber auch in unfairer Behandlung oder Mobbing. Doch bevor wir unsere Umwelt für die eigene Frustration verantwortlich machen, gilt es, die Ursachen bei sich selbst zu suchen.

Wie Sie sich selbst motivieren
- Analysieren Sie Ihr Selbstbild.
- Machen Sie sich Ihre Stärken, Ihr Potenzial klar.
- Machen Sie sich klar, dass Sie Schwächen ausgleichen können.
- Erinnern Sie sich an vergangene Erfolge, an Situationen, in denen Sie absolut glücklich waren.
- Setzen Sie sich attraktive, erreichbare Ziele, die Ihnen schon beim Ausdenken Freude bereiten.
- Setzen Sie sich mit aller Kraft und Beharrlichkeit für deren Umsetzung ein.
- Machen Sie alles, was Sie anpacken mit Konzentration und Spaß. Verbannen Sie die Routine aus Ihrem Alltag. Wer auch das Alltägliche mit Begeisterung meistert, der hat Erfolg.
- Machen Sie sich am Ende eines Tages klar, was gut für Sie gelaufen ist.
- Loben Sie sich selbst, wenn Sie etwas geschafft haben.

Das Beste geben

Jeder von uns hat andere Motivationsauslöser. Die Kämpfernatur kann einem Misserfolg mit einem kraftvollen „Jetzt erst recht!" begegnen. Der Wettbewerbsorientierte misst sich eher an anderen: „Was der kann, kann ich schon lange!". Andere erinnern sich an vergangene Erfolge, bei denen es ihnen warm ums Herz wird und an die sie zu gerne wieder anknüpfen. Oder sie haben einfach Spaß, selbst in Aktion zu sein und ziehen eine Menge Begeisterung aus dem eigenen Handeln. Alleine für eine Angelegenheit, einen Wettkampf verantwortlich zu sein, legt den einen vielleicht lahm. Dem anderen gibt die Eigenverantwortung den entscheidenden Motivationskick. Enorm mitreißend kann auch Teamgeist sein, wenn die gesamte Mannschaft an einem Projekt oder in einem Wettkampf mitfiebert und mitwirkt.

Ähnlich stark wie Visualisierungen, also das Vergegenwärtigen von Bildern, wirken Affirmationen bei der Selbstmotivation. Das sind gesprochene oder geschriebene Feststellungen, die wir bei häufiger Wiederholung ebenfalls im Unterbewusstsein verankern und bei Bedarf abrufen können.

Erfolgreiche Affirmationen als Motivationsauslöser sind:
- Ich gebe immer mein Bestes, selbst wenn ich im Moment mein Ziel nicht erreiche.
- Ich setze mir ein Ziel und beginne sofort mit der Umsetzung.
- Ich lasse mich von meinem Weg nicht abbringen.
- Ich bin stark und halte durch.
- Ich muss nicht perfekt sein. Was zählt ist meine Anstrengung und Ausdauer.
- Ich kann mit jedem Problem fertig werden.
- Wenn Stress entsteht, mache ich ihn mir selbst. Also kann ich allein den Stress auch wieder abbauen.
- Ich kann in jeder Situation die Kontrolle über mich behalten.
- Ich lerne gerne dazu.
- Wenn mir ein Fehler unterläuft, sehe ich darin eine Möglichkeit, wie ich mich zukünftig verbessern kann.
- Zurzeit geht es mir nicht gut. Die Situation gefällt mir nicht. Aber ich kann konstruktiv damit umgehen.
- Ich kann andere nicht ändern, aber anders mit ihnen umgehen.
- Das Leben ist zu kurz, um sich wegen Kleinigkeiten einen Kopf zu machen.
- Ich weiß, was wirklich wichtig ist meinem Leben.

Tipp: Formulieren, aufschreiben, verinnerlichen: Sie können einzelne Affirmationen, die Sie besonders ansprechen, aufschreiben und das Blatt an den Badspiegel hängen, wo sie es morgens beim Zähneputzen sehen. Mit der Zeit prägen sich die Sätze so ein, dass Sie zu Überzeugungen werden. Das verleiht Ihnen Stärke und genau diese Stärke werden Sie auch ausstrahlen.

Konzentration und Gehirnleistung verbessern

Wer gesund lebt, sich um Fitness von Körper und Geist sowie seine seelische Gesundheit kümmert, lebt länger. Es gibt ältere Herrschaften, die stellen mit ihrer Brainpower manchen top-ausgebildeten 30- bis 40-jährigen in den Schatten. Natürlich fallen uns dazu vor allem Menschen ein, die ihr Leben mit Lernen und täglicher geistiger Betätigung zugebracht haben, also Wissenschaftler oder Schriftsteller. Sie sind genauso beeindruckende Beispiele wie Spitzensportler, was Persönlichkeitsbildung, Disziplin und Beharrlichkeit anbelangt. Sie nutzen die Speicherfähigkeit des Gehirns, die selbst der des besten Computers überlegen ist. Aber Vorsicht: Schon der römische Staatsmann Cicero wusste: „Das Gedächtnis nimmt ab, wenn man es nicht übt." Heute ist diese Erkenntnis sogar wissenschaftlich untermauert. Unser Gehirn verhält sich wie ein Muskel – bleibt es untrainiert, erschlafft es. Zwei Schaltkreise sind für unser Gedächtnis zuständig. Zuerst arbeitet das Kurzzeitgedächtnis, das einen Input für maximal 24 Stunden speichert. Danach übernimmt das Langzeitgedächtnis alle Informationen, die das Gehirn für wichtig hält.

Wenn der Geist ermüdet

Natürlich kann auch ein gesundes Gehirn versagen. Es fehlen plötzlich Worte oder die Vokabeln einer Fremdsprache wollen einem nicht mehr einfallen. Oft liegen geistigen Verschleißerscheinungen auch Erschöpfung durch Überarbeitung zugrunde. Eine Erschlaffung der Hirntätigkeit durch einen Mangel an Übung stellt man hingegen häufig bei Berufstätigen fest, die in den Ruhestand eingetreten sind. Hat der Beruf genügend geistige Anreize gegeben, mit neuen Situationen, Problemen, die auf eine Lösung warteten und Entscheidungen, die es zu treffen galt, so fallen viele jetzt in ein großes Freizeitloch. Manch einer greift vielleicht endlich zu den Büchern, die seit Jahren darauf warten, gelesen zu werden. Ein anderer liest regelmäßig Zeitung oder interessiert sich für anspruchsvolle Fernsehprogramme. Wer daran keinen Spaß hat, erlebt sehr rasch, wie sein Gehirn in den Leerlauf verfällt. Sehr verbreitet ist eine Ermüdung der geistigen Fähigkeiten auch bei Menschen, die beruflich in Routine erstarren. Denn auch unser Gehirn arbeitet wie alle anderen Körperorgane ökonomisch: Was nicht benötigt wird, wird heruntergefahren um Energie zu sparen.

Anti-Aging für das Gehirn

Stressbedingte Ausfälle, wenn man sich beispielsweise nicht mehr an bestimmte Namen oder Termine erinnern kann, sind Schutzreaktionen des Gehirns, das für den Notfall eine Art Prioritätenliste hat. Es erhält die Körperfunktionen aufrecht, die lebensnotwendig sind, dafür muss man allerdings eine – meist vorübergehende – Vergesslichkeit in Kauf nehmen. Gegen geistig-seelische Erschöpfung gibt es Entspannungsübungen, die im nächsten Kapitel vorgestellt werden.

Ein ermüdeter oder erschlaffter Geist muss geübt und trainiert werden, damit er fit bleibt. Schließlich verlangsamt sich bereits ab dem dreißigsten Lebensjahr das Denken. Das bedeutet, dass die Geschwindigkeit abnimmt, mit der wir erfassen und lernen. Das beste Anti-Aging-Programm für Ihre Gehirnleistung besteht in Gehirnjogging, auch MAT (Mentales Aktivierungstraining) genannt. Mit Hilfe geistiger Fitness werden Sie im Alltag kreativer und flexibler, können leichter Probleme lösen und besser Kontakte zu anderen Menschen aufbauen. Denn durch regelmäßige geistige Anstrengung wird das Gehirn stärker durchblutet, es bilden sich neue Blutgefäße und die Nährstoffe, die wir brauchen, kommen schnell an die richtigen Stellen. Außerdem vernetzen sich die rund 100 Milliarden Nervenzellen besser und die wichtigen Botenstoffe im Gehirn werden vermehrt gebildet. Durch Denkübungen lernt das Gehirn, Informationen schneller zu verarbeiten und einzuordnen. So bleibt neues Wissen besser und länger im Gedächtnis erhalten.

Tipp: Bedenken Sie zudem, was der Politiker Gustav Stresemann sagte: „Aus Niederlagen lernt man leicht. Schwieriger ist es, aus Siegen zu lernen".

Dem Geist ein neues Betätigungsfeld geben

Wer sich geistig nicht ausgelastet fühlt, sei es, weil der berufliche Alltag nur aus immer denselben Handgriffen besteht oder weil man weit unter seinen Möglichkeiten bleibt, der sollte sich rasch nach neuen Aufgabengebieten umsehen. Wichtig dabei sind natürlich eine korrekte Einschätzung der eigenen Fähigkeiten und eine passende Zielsetzung. Das könnte sein:

- einen Schulabschluss auf dem zweiten Bildungsweg nachholen und gegebenenfalls noch eine Ausbildung machen.
- an Fortbildungsseminaren teilnehmen.
- eine Fremdsprache lernen.
- die Deutschen Klassiker lesen.
- Wissenslücken füllen.
- einen neuen Beruf erlernen.
- Musikunterricht nehmen.
- Kurzgeschichten, Erzählungen oder einen Roman schreiben.
- sich etwas Neues, noch nie Dagewesenes schaffen.
- für einen Marathon trainieren.
- einen Fallschirmsprung oder Tauchgang wagen.
- sich ein Wellness-Wochenende gönnen.
- die Wohnung/das Haus neu gestalten.

Lernen macht Spaß

Viele von uns haben ihre Allgemeinbildung seit Schulzeiten nicht weiter verfolgt. Für den Schulabschluss war das abgefragte Wissen in Ordnung, danach hat man sich mit einer Ausbildung oder einem Studium spezialisiert und ruft bei Bedarf, wenn es um andere Inhalte geht, eben das alte Schulwissen ab. Darüber können Jugendliche, die heute die Schule besuchen, allerdings nur lächeln. Insbesondere in den Naturwissenschaften gibt es eine Unmenge an neuem Wissen, das das alte längst überholt hat. Lernen ist zudem nicht alleine Angelegenheit der Schule. Hier bekommen Kinder und Jugendliche Bausteine vermittelt und im besten Fall lernen sie zu lernen, sprich genügend Wissensdurst zu entwickeln, um sich fortzubilden und Antworten auf Fragen zu suchen. Wer sich diesen Wissensdurst und seine Neugier ein Leben lang erhält, muss sich um seine Gehirnleistungen keine Gedanken machen. Er ist mental gesehen am Ball, liest Zeitungen, Wissenschaftsmagazine und Bücher und sieht sich gehaltvolle Informationssendungen im Fernsehen an.

Das Dilemma der meisten von uns ist, dass wir Lernen nicht mit der notwendigen Erholung nach einem aufreibenden Alltag vereinen können und dann eben doch als „Couch Potato" vor dem Fernseher wegdösen. Lernen ist, das lässt sich nicht schönreden, genauso mit Disziplin und anderen Erfolgstugenden verbunden, wie die körperliche Fitness. Laut Execu-Times-Newsletter, einem Insiderdienst für Führungskräfte in den USA, haben erfolgreiche Manager ein Faible für geistige Freizeitbeschäftigungen gemein.

Wenn Sie leistungsfähig sein wollen, bleibt Ihnen also nur eins: Auch Sie müssen Ihre grauen Zellen auf Vordermann bringen oder in Form halten. Mit dem 7-Wochen-Programm für mentale Siegerstrategien bekommen Sie ausgewählte Beispiele an die Hand, um Ihr logisches Denken zu üben. Sie können hier überprüfen, wie gut Ihre Fähigkeit, abstrakte Probleme zu lösen, entwickelt ist. Es liegt an Ihnen, wie Sie weitermachen. Denken Sie daran: Täglich 20 Minuten Gehirnjogging halten fit und verhindern mentale Abbauprozesse.

Vorsicht bei Gehirndoping

Im Handel sind heute eine Vielzahl von Substanzen, die angeblich unsere Gehirnfähigkeiten steigern sollen. Dazu gehören z.B. Nootropika, die über das Internet angeboten werden – mit fingierten Erfolgsgeschichten und für ein saftiges Entgelt. Teilweise sind die angebotenen Substanzen tatsächlich harmlos, das heißt, sie können zumindest keinen Schaden anrichten. B-Vitamine, Lezithin & Co, denen ebenfalls eine Wirkung auf die Gehirnleistung zugeschrieben wird, kann man sogar ohne Rezept in Apotheken und Drogerien bekommen. Sie schaden allenfalls bei extremer Überdosierung, sind aber wichtig für eine gute Versorgung des Nervensystems. Wer sich allerdings ausgewogen ernährt, benötigt keine Zusatzstoffe.

Grundsätzlich geht es hier wie auch bei der körperlichen Fitness um die Frage: Will ich mich aus eigener Kraft motivieren oder schaffe ich das nur mit Doping? Der Erfolg, der gegebenenfalls daraus entspringt, ist mehr als fadenscheinig. Doping, ob in Form von Testosteron oder Erythropoietin (das aus dem Radrennsport berühmt-berüchtigte Blutdoping EPO zur Verbesserung des Sauerstofftransports im Blut mit dem erhöhten Risiko, einen Herzinfarkt oder Schlaganfall zu erleiden), macht abhängig und schlimmstenfalls sogar krank. Echter Erfolg kommt nur aus eigener Kraft! Mit dem 7-Wochen-Programm sind Sie ohnehin so gut in Schwung, dass Sie derlei Hilfestellung nicht nötig haben.

Das 7-Wochen-Programm

In diesem Kapitel war viel von Siegerqualitäten, von Siegermentalität, allgemeinen Tugenden und Werten von Siegern zu hören. Jetzt geht es darum, welche dieser Qualitäten für uns in Frage kommen, welche wir mit unserer Persönlichkeit und unserem täglichen Anforderungsprofil aus Beruf und Partnerschaft oder Familie vereinen können. Werte, mit denen wir uns identifizieren, spiegeln unsere tiefsten, unverbrüchlichen Überzeugungen wieder. Sie sind die Säulen unseres Selbstbewusstseins und machen unsere Persönlichkeit aus. Wer sich dauerhaft motivieren will, tut gut daran, als erstes seinen Wertekanon zu überprüfen. In dem 7-Wochen-Programm für mentale Siegerstrategien geht es in erster Linie darum, dass Sie gründlich über sich selbst reflektieren und daraus Ihre neue Zielsetzung formulieren. Danach geht es um die Verfestigung des Konzepts durch mentale Strategien, so dass sich dieses im Unterbewusstsein verankert und jederzeit abrufbereit ist.

Für jede Woche ist eine bestimmte Fragestellung konzipiert, die Sie authentisch und spontan beantworten sollten. Nehmen Sie sich zur Bearbeitung der Fragebögen und Checklisten mindestens eine Viertelstunde Zeit, in der Sie nicht gestört werden und gehen den ersten Fragebogen gleich zu Beginn der ersten Woche durch.

Schritt 1 – sich richtig ausrichten

A   Kardinaltugenden

- Aktivität und Initiative
- Arbeitswille
- Willenskraft und Durchsetzungsvermögen
- Beharrlichkeit und Geduld
- Intuition
- Ehrlichkeit und Integrität
- Mut und Risikobereitschaft
- Lösungsorientiertheit
- Lernbereitschaft
- Begeisterungsfähigkeit

Beantworten Sie jetzt:

Sortieren Sie die oben genannten Werte nach ihrer Wichtigkeit für Sie selbst:

1. _____

2. _____

3. _____

An der Entwicklung welcher Werte müssen Sie noch arbeiten. Wo denken Sie, haben Sie noch Defizite:

1. _____

2. _____

3. _____

B   Individuelle Wertsetzungen

Unser Leben ist erst dann erfüllt und glücklich, wir sind erst dann wirklich erfolgreich und dauerhaft leistungsfähig, wenn wir im Einklang mit unseren Werten handeln. Nur wenn wir authentisch sind, uns im Innersten treu bleiben, dann sind wir überzeugend und ganz nah an unseren inneren Ressourcen. Vielleicht haben Sie auch schon Erfolge verzeichnet, deren Zielsetzung nicht mit Ihren Werten korrespondierte. Dann dürften Sie allerdings auch festgestellt haben, dass diese Sie nicht wirklich zufrieden gemacht haben. Die innere Leere, die dadurch entsteht, wenn immer wieder Ziele anvisiert werden, die nicht mit der eigenen Persönlichkeit übereinstimmen, ist einer der Hauptgründe für ein Burn-out-Syndrom oder Suchtprobleme. Ein Beispiel: Sie haben sich einen Karrieresprung zum Ziel gesetzt, der allerdings erheblich mehr Arbeitsaufwand bedeutet als bisher. Sie werden dazu auch einen Großteil Ihrer Zeit auf Reisen sein. Einer Ihrer wichtigsten Werte ist aber eine intakte Partnerschaft, ein intaktes Familienleben. Ziel und Wert sind in diesem Fall nicht vereinbar, weshalb der berufliche Erfolg in diesem Fall auch nicht ganz glücklich machen kann.

Gehen Sie die nachstehende Checkliste durch und formulieren Sie daraus Ihren persönlichen Wertekanon mit den drei wichtigsten Werten. Heften Sie diesen an den Spiegel, so dass Sie ihn schon morgens vor Augen haben.

Checkliste: Mein Wertekanon

A Kreuzen Sie aus den folgenden Liste die für Sie wichtigsten zehn Werte an. Schreiben Sie sie in der Reihenfolge Ihrer Priorität auf.

☐ Ästhetik	☐ Sparsamkeit	☐ Verantwortung
☐ Anerkennung	☐ Effizienz	☐ Führung
☐ Anstand	☐ Flexibilität	☐ Geborgenheit
☐ Aufrichtigkeit	☐ Natur	☐ Begeisterung
☐ Ausgeglichenheit	☐ Mitgefühl	☐ Harmonie
☐ Ausstrahlung	☐ Lebensfreude	☐ Herausforderung
☐ Entwicklungsfähigkeit	☐ Zurückgezogenheit	☐ Vertrauen
☐ Erfüllte Beziehung	☐ Glaube/Religion	☐ Pünktlichkeit
☐ Bildung	☐ Kompetenz	☐ Leistung
☐ Ehrlichkeit	☐ Heimat	☐ Optimismus
☐ Familie	☐ Frieden	☐ Abwechslung
☐ Fitness	☐ Disziplin	☐ Dankbarkeit
☐ Freiheit	☐ Kreativität	☐ Ruhm
☐ Freunde	☐ Kunst/Musik	☐ Zusammenarbeit
☐ Genuss	☐ Abenteuer	☐ Selbstbewusstsein
☐ Geradlinigkeit	☐ Liebe	☐ Toleranz
☐ Gerechtigkeit	☐ Erotik	☐ Ruhe
☐ Gesundheit	☐ Loyalität	☐ Status
☐ Herkunft	☐ Ordnung	☐ Selbstachtung
☐ Integrität	☐ Arbeit	☐ Charakterfestigkeit
☐ Individualität	☐ Sachkenntnis	☐ Güte
☐ Kinder	☐ Gemütlichkeit	☐ Großzügigkeit
☐ Macht	☐ Ehre	☐ Distanz
☐ Respekt	☐ Kommunikationsfähigkeit	☐ Sicherheit
☐ Unabhängigkeit	☐ Soziales/Polit. Engagement	☐ Demokratie
☐ Verzicht	☐ Wohlstand	☐ Zuverlässigkeit

B   *In einem zweiten Schritt wählen Sie aus der Vorauswahl die drei für Sie persönlich bedeutendsten Tugenden aus und notieren Sie nach ihrer Wichtigkeit.*

1. _____

2. _____

3. _____

Schritt 2 – Mein persönliches Potenzial

Wenn Sie wissen wollen, was an Potenzial in Ihnen steckt und wo es negative Programmierungen gibt, an denen man arbeiten kann, hilft die folgende von Psychotherapeuten erarbeitete Bestandsaufnahme. Nehmen Sie sich dazu eine Stunde Zeit und beantworten Sie die Antworten spontan und klar.

Lesen Sie Ihre Antworten einmal durch und legen den Fragebogen anschließend ab. Am Ende des 7-Wochen-Programms können Sie ihn sich noch einmal vornehmen und die Teile A, B und D nochmals beantworten. Der Fragebogen kann Ihnen helfen, sich selbst besser zu verstehen, zu reflektieren und neue, erfolgreichere Lebensstrategien zu entwerfen. Vor allem Teil C ist so konzipiert, dass Sie einen aufmerksamen Blick auf alte Programmierungen werfen können. Wenn Sie sich bestimmter Problembereiche bewusst sind, dann können Sie sich auch ebenso bewusst davon verabschieden und einem neuen, gesunden Verhalten Raum geben.

A   *Blicken Sie einmal auf die letzten zwei Monate zurück und wägen Erfolge und Niederlagen gegeneinander ab.*
- Was waren beruflich und privat ihre besten Erfolgserlebnisse?
- Haben Sie Ideale im Leben. Was ist Ihnen am wichtigsten?
- Worin liegen Ihre besonderen Stärken?
- Was ist Ihnen derzeit am wichtigsten im alltäglichen Leben. Schreiben Sie die drei Ziele auf, die Sie momentan antreiben. Das wichtigste zuerst.
- Welchen Wunsch möchten Sie sich unbedingt erfüllen und warum?

B   *Welche Ziele haben Sie im Bezug auf verschiedene Lebensbereiche?*
- Wie zufrieden bin ich in meinem Beruf und warum? Was möchte ich gegebenenfalls verbessern?

- Wie zufrieden bin ich mit meinem Beziehungs-/Familienleben. Was möchte ich verbessern?
- Wie zufrieden bin ich mit meinem Sozialleben? Was würde mir mehr Spaß machen?
- Wie fit bin ich körperlich? Was möchte ich für mich erreichen?
- Wie fit bin ich geistig? Was möchte ich für mich erreichen?
- Wie entspannt und ausgeglichen bin ich? Was möchte ich verbessern?
- Was, glauben Sie, hat Sie bisher am meisten gehindert, gesteckte Ziele zu erreichen?

C   *Wie sieh es im Privatleben aus?*
- Beschreiben Sie die Beziehung zu Ihrer Mutter und das vorherrschende Verhalten Ihrer Mutter während Ihrer Kindheit und Jugend Ihnen und der Familie gegenüber.
- Beschreiben Sie die Beziehung zu Ihrem Vater und das vorherrschende Verhalten Ihres Vaters während Ihrer Kindheit und Jugend Ihnen und der Familie gegenüber.
- Welche Rolle spielte Leistung in Ihrer Familie? Wie wurde Sie belohnt?
- Wie viele Geschwister haben Sie? An welcher Stelle in der Geschwisterhierarchie stehen Sie?
- Beschreiben Sie die Atmosphäre in Ihrer Familie in Ihrer Kindheit und Jugend.
- Wie waren Ihre schulischen Leistungen?
- Wir war Ihr Kontakt zu Freunden/Freundinnen?
- Wie ist Ihre berufliche Entwicklung? Warum haben Sie Ihren jetzigen Beruf ergriffen?
- Wo stehen Sie derzeit beruflich?
- Haben Sie Kinder? Wie ist die derzeitige Situation?
- Sind Sie verheiratet oder haben eine Partnerin? Skizzieren Sie Ihre Beziehung und wichtige frühere Beziehungserfahrungen.
- Haben Sie in den letzten Jahren unter schweren und häufiger auftretenden Krankheiten gelitten? Wenn ja, welche?
- Gibt es belastende Ereignisse, die hier noch nicht erfasst wurden?

D   *Selbstbild*
- Haben Sie enge Freunde, mit denen Sie sich auch über private Dinge so austauschen können, dass es Sie in Stress-Situationen gegebenenfalls entlastet?

- Wie steht es Ihrer Meinung nach um Ihren Teamgeist? Schätzt man Sie, schätzen Sie Ihre Mitarbeiter, Kollegen, Ihren Chef?
- Wie entspannen Sie sich am liebsten?
- Halten Sie sich für attraktiv? Was gefällt Ihnen am meisten an sich selbst?
- Was glauben Sie, schätzen andere Menschen am meisten an Ihnen?

Legen Sie diesen Fragebogen ab und nehmen Sie ihn sich im Anschluss an das 7-Wochen-Programm noch einmal. Überprüfen Sie Ihre Aussagen im Einzelnen. Wo gelingt es Ihnen, mit unangenehmen Erfahrungen so abzuschließen, dass sie nicht mehr belastend in die Gegenwart wirken. In welchen Lebensbereichen hat sich bereits etwas zum Positiven hin verändert?

Schritt 3 – Überzeugungen verändern

A   Negative Du-Botschaften entlarven

Gehen Sie noch einmal zurück in Ihre Kindheit und Jugend. Welche Du-Botschaften fallen Ihnen spontan ein, positive wie negative. Zum Beispiel „Ich bin froh, so ein hübsches Kind wie Dich zu haben." – „Wenn du weiter so einen Zirkus veranstaltest, werfe ich dich aus dem Auto." – „Du nervst." – „Du schaffst das schon."

Du-Botschaften sind Aussagen, die unsere engsten Bezugspersonen, also Eltern, Lehrer, Geschwister und Freunde treffen und die sich emotional tief in uns verankern. Von den meisten ist man bis heute überzeugt, sowohl von den positiven als auch den negativen.

Notieren Sie auf einem Blatt Papier die positiven Du-Botschaften, auf einem anderen die negativen. Wenn Sie damit fertig sind freuen Sie sich über die positiven Aussagen zu ihrer Person und legen Sie das Blatt beiseite.

Sehen Sie sich jetzt die negativen Du-Botschaften an und überlegen Sie, in welcher Weise sie diese bis heute behindern.

B   Wir haben in den verschiedensten Lebensbereichen Überzeugungen verinnerlicht, die zum Teil negativer Natur sind. Notieren Sie spontan Überzeugungen, die Ihnen zu den jeweiligen Lebensbereichen einfallen. In Klammern finden Sie als Beispiele ausschließlich Beispiele für Negativ-Aussagen.

Ist-Zustand:

Persönlichkeit (z.B.: Ich arbeite zu viel. Ich schlafe zu wenig. Ich trinke zu viel.)

Beruf (z.B.: Ich bin zu alt für eine Karriere.)

Soziales Umfeld (z.B.: Ich brauche keine Freunde.)

Status (z.B.: Der Wagen, den ich fahre, kostet mich jede Menge Geld. Aber das bin ich mich meinem Image schuldig.)

Soziales Leben (z.B. Ich habe keine Lust mich sozial zu engagieren, ich habe genug zu tun.)

B *Verstärken Sie jetzt bei der nächsten Aufgabe diese innerlichen Bremsen, indem Sie sich ein regelrechtes Horrorszenario dazu ausdenken. Wie entwickeln sich Ihre verschiedenen Lebensbereiche schlimmstenfalls?*

Minus-Zustand:

Persönlichkeit (z.B.: Ich habe kein Privatleben mehr, bin völlig ausgebrannt. Mein Partner wird mich verlassen. Die Scheidung wird mich finanziell ruinieren. Mein Lebensstandard wird sich radikal verschlechtern.)

Beruf (z.B.: Ich werde demnächst entlassen, weil ich nicht mehr die notwendigen Leistungen erbringen kann.)

Soziales Umfeld (z.B.: Mich versteht sowieso keiner. Die anderen sind mir auch einfach zu dumm. Wenn ich irgendwann nicht mehr kann, nehme ich mir eben den Strick.)

Status (z.B.: In zwei Jahren brauche ich deshalb das Nachfolgemodell. Dafür werde ich einen weiteren Kredit aufnehmen müssen ...)

Soziales Leben (z.B.: Wenn alle so denken wie ich, dann gäbe es irgendwann keine ehrenamtlichen Helfer. Das kann irgendwann auch mich treffen, zum Beispiel im Alter, wenn ich ganz alleine bin.)

C *Drehen Sie die Aufgabenstellung jetzt um und verändern Sie alle Negativ-formulierungen aus dem Ist-Zustand ganz bewusst zum Positiven hin. Das ist ein reines Gedankenspiel mit beachtlicher Wirkung. Achten Sie ausschließlich auf positive Formulierungen, ohne "nein" und "nicht".*

Soll-Zustand:

Persönlichkeit (z.B.: Ich muss meine Zeit besser einteilen, mehr für Entspannung sorgen, mich mehr in meine Beziehung einbringen. Das wird mir gut tun.)

Beruf (z.B.: Ich werde mich um Fortbildungen kümmern. Da gibt es sicher etwas, das für mich passt und mit dem ich mein Know How weiter verbessern kann. Ich könnte mir gut so eine Art Mentoring für Nachwuchskräften vorstellen.)

Soziales Umfeld (z.B.: Einzelkämpfer zu sein, hat durchaus seine Vorteile. Ich möchte aber auch mein soziales Umfeld erweitern und neue Kontakte knüpfen. Das mache ich am besten, wenn ich es mit etwas verbinde, das mir Spaß bringt. Ich wollte schon immer mal wieder Volleyball spielen. Das ist doch eine gute Idee.)

Status (z.B.: Der Wagen, den ich jetzt fahre ist wunderbar. Ich möchte mich aber finanziell entlasten, also sehe ich mich nach einem billigern um. Das Image von günstigeren Marken ist doch teilweise ganz okay. Ich bin schließlich ich und mein Auto ist mein fahrbarer Untersatz.)

Soziales Leben (z.B.: Ich möchte etwas tun, was für die Gesellschaft und vor allem für weniger Privilegierte wichtig ist. Wenn ich gerade zu wenig Zeit habe, kann ich mich zumindest erkundigen, ob ich etwas abgeben kann. Jetzt kann ich das über Geldspenden lösen, wenn ich mehr Zeit habe, über Mentoring.)

Schritt 4 – Eine neue Zielsetzung entwerfen

A Die wichtigsten Ziele im Leben

Jeder von uns, der über ein gutes Maß Lebenserfahrung verfügt, weiß, dass ein erfolgreiches Leben aus mehr besteht als aus einem gut gefüllten Bankkonto. Das Leben ist so vielfältig wie wir selbst und besteht aus mehreren Säulen. Schließlich stehen wir ja auch nicht nur als Berufstätige in diesem Leben, sondern auch als Männer, Frauen, Eltern, Freizeitmenschen und soziale Wesen. Alle diese Säulen sollten unterfüttert werden, um ein ausgeglichenes Leben führen zu können. Denken Sie bei Ihrer Zieldefinition auch daran, dass zwischen diesen Bereichen im besten Fall eine Balance herrscht. Folgende Fragestellungen können Ihnen bei der Klärung Ihrer Prioritäten helfen:

- Ziele für mich selbst:
  Ich möchte für meine Gesundheit folgendes tun:
  Folgendes will ich noch lernen:
  Diese Fähigkeiten will ich verbessern:

- Meine beruflichen und wirtschaftlichen Ziele:
  Ich möchte pro Jahr .... Euro verdienen.
  Ich möchte in der jetzigen Firma bleiben, weil ...
  Ich möchte die folgende Position erreichen, weil ...
  Ich möchte mich selbstständig machen, weil ...

- Mein Ziele für mein Privat- und Familienleben:
  Folgendes kann ich an meiner Beziehung verbessern:
  Ich möchte, dass meine Beziehung folgendermaßen aussieht:
  Ich möchte Kinder, weil ...
  Ich mag Kinder, weil ...
  Ich möchte, dass mein eigenes Familienleben folgendermaßen aussieht:
  Ich möchte, dass die Beziehung zu meiner Herkunftsfamilie/meinen Eltern sich folgendermaßen gestaltet:
  Ich möchte, dass mein Freundeskreis folgendermaßen aussieht:

- Ziele für mich als Privatmensch:
  Folgende Hobbys gefallen mir:
  Diese Reisen möchte ich noch unternehmen:
  So soll mein Traumhaus aussehen:
  So sieht mein Lieblingsauto aus:
  Kulturelle Veranstaltungen sollen in meiner Freizeit folgenden Stellenwert haben:

- Ziele für mich als *soziales Wesen:*
Folgendes kann ich für die Gesellschaft leisten:
Folgendes kann ich für die Umwelt tun:
So kann ich zu einem Vorbild für jüngere Menschen werden:

Schritt 5 – Mein neues Selbstbild

Unser „Inner Image", das Bild, das wir von uns selbst im Unterbewusstsein tragen, bestimmt unser ganzes Leben. Das müssen Sie sich immer wieder vor Augen halten. Es reicht nicht, von anderen zu erwarten, sie mögen den wahren Kern in Ihnen entdecken und Ihre Stärken aufspüren. Wenn Sie eine pessimistische oder deprimierte Grundhaltung haben, geht Ihr Gegenüber in der Regel auf Abstand oder Sie sprechen als hilfsbedürftiges Wesen sein Mitgefühl an. So wie Sie sich selbst sehen, wirken Sie auch auf andere und – so sind Sie letztlich auch. Nach der Lektüre der letzten Seiten haben Sie einige hochwirksame Strategien an der Hand Ihren Auftritt, Ihr Selbstbild zu verbessern.

C Who is Who

Versuchen Sie auf einem Blatt Papier ein Selbstporträt zu verfassen, in dem Sie ausschließlich auf sich als erfolgreiche Person eingehen. Beachten Sie dabei die Bereiche Partnerschaft und Familie, Beruf und Finanzen sowie Freizeit und Hobby. Worin sind Sie gut? Welche Fähigkeiten ruhen in Ihnen? Worauf können Sie stolz sein? Nehmen Sie ruhig auch Kleinigkeiten auf. Notieren Sie, wie Sie mit diesen Fähigkeiten Ihre Ziele umsetzen werden, warum Ihnen das gelingen wird.

> ### Und das Umfeld?
> Erwarten Sie nicht, dass Ihre Umwelt Ihnen bei Ihren Veränderungen applaudiert. Haben Sie Geduld. Für andere ist ein neues Verhalten erst einmal irritierend. Vor allem kann es passieren, dass Kollegen, Familie und Freunde auf einmal den Druck empfinden, sich auch verändern zu müssen, wenn sie mit Ihnen mitziehen wollen. Lassen Sie solche Prozesse ruhig laufen und bleiben Sie bei sich. Wenn Sie überzeugt von Ihrer neuen Zielsetzung sind, wird diese über kurz oder lang Erfolg haben, egal wie ihre Umwelt darauf reagiert.

Schritt 6 – Ihr mentales Fitnessprogramm

Gedächtnisschwächen sind oft nur ein Symptom von Übermüdung oder zu viel Stress. Sollten Sie häufig unter Konzentrations- und Gedächtnislücken leiden, müssen Sie etwas tun. Sie können klärende Gespräche führen, Entspannungsübungen praktizieren, die Stressfaktoren so gut es geht vermeiden oder auch psychotherapeutische Hilfe in Anspruch nehmen. Lernen Sie, abzuschalten und loszulassen – auch wenn Ihnen das anfangs schwer fallen mag. Auch Ihr Gedächtnistraining sollten Sie immer entspannt beginnen. Nehmen Sie eine Auszeit, in der Sie nicht gestört werden, schließen Sie Ihre Augen und zählen Sie beim Ein- und Ausatmen jeweils langsam bis fünf. Oder greifen Sie auf alt bewährte Entspannungsmethoden wie Autogenes Training, Yoga, progressive Muskelentspannung nach Jacobson oder Meditation zurück.

Checkliste: Meine persönliche mentale Fitness

Für jede richtige Lösung erhalten Sie einen Punkt, für eine falsche keinen.

A   Drei unterschiedliche Wege führen zu Ihrem Arbeitsplatz. Welche Variante wählen Sie?

- Ich nehme hin und zurück immer den gleichen.
- Mal so, mal so. Ich wähle ohne Regelmäßigkeit aus beiden Möglichkeiten.
- Ich gehe hin immer den einen, zurück immer den anderen. Den dritten nutze ich nie.

(Lösung 2: Flexibilität hält den Geist auf Trab. Berechenbarkeit macht ihn müde. Spontane Entscheidungen mit variierenden Sinneseindrücken veranlassen auch Ihre Gedanken, andere Weg einzuschlagen.)

B   Sie haben von Freunden eine neue Telefonnummer bekommen. Was passiert?

- Ich speichere sie sofort auf meinem Handy ab.
- Ich notiere sie auf einem Zettel, den ich nach zwei Tagen nicht mehr finde.
- Ich notiere die Nummer in meinem Telefonbuch, versuche aber auch, die Zahlen auswendig zu lernen.

(Lösung 3: Bequemlichkeit macht müde im Kopf. Wer auch mal in den Seiten seines Gedächtnisses blättert, statt den Handyspeicher zu bemühen, hält seinen körpereigenen Zahlenspeicher auf Trab.)

C *Von Ihrem Gesprächspartner wird Ihnen eine ganze Reihe unbekannter Leute vorgestellt. Wie reagieren Sie?*
● Ich versuche, mir gleich bei der Vorstellung die Namen zu merken.
● Ich denke: „Oh Gott, das kann ich mir nie merken."
● Ich konzentriere mich auf meinen Gesprächspartner, das genügt.
(Lösung 1: Die meisten von uns haben Probleme damit, sich neue Namen zu merken. Blockieren Sie jedoch nicht schon zu Anfang Ihre Wahrnehmung. Versuchen Sie es mit dem Training von Merktechniken in stressfreien Situationen, beispielsweise im Freundeskreis, dann sind Sie im Berufsleben besser gewappnet.)

D *Sie gehen einkaufen und stellen fest, dass Ihr Zettel zuhause liegt. Was machen Sie?*
● Ich versuche, die einzelnen Posten zu rekonstruieren.
● Ich fahre sofort nach Hause und hole den Zettel.
● Ich werfe alle Pläne über Bord und verschiebe den Einkauf.
(Lösung 1: Drehen Sie das nächste Mal den Spieß um und lassen den Zettel ganz bewusst zu Hause. Es tritt der „Spickzettel-Effekt" ein. Denn das was darauf steht, wissen Sie sowieso. Machen Sie die Methode zum System. Die Punkte aufschreiben (visualisieren) und aus dem Gedächtnis rekonstruieren. Auch wenn Sie zu Beginn noch das ein oder andere vergessen, Sie werden von Woche zu Woche besser.)

E *Sie hören einen guten Witz und wollen ihn sich merken. Was tun Sie?*
● So gut wie der ist, kann ich ihn mir locker merken.
● Ich kann mir leider keine Witze merken.
● Ich erzähle ihn bei nächster Gelegenheit weiter.
(Lösung 3: Unser Langzeitgedächtnis arbeitet nicht automatisch. Es muss geschult und trainiert werden. Einen Witz können wir uns deshalb besser merken, je öfter wir ihn weitererzählen.)

F *Sie werden überraschend mit einer neuen Situation in einer Gesprächsrunde konfrontiert. Was spielt sich in Ihrem Kopf ab?*
● Ich verstehe nur Bahnhof.
● Ich kann mich meist sofort an der Diskussion beteiligen.

● Ich bin erst mal dagegen.

(Lösung 2: Jeder Mensch hat bestimmte Denkschemata und lässt sich unterschiedlich gern auf Neues ein. Die Fähigkeit in neuen Bahnen zu denken, hat aber grundsätzlich jeder. Es ist daher eher eine Frage des Wollens.)

G *Welche Bücher liegen auf Ihrem Nachttisch?*

● Alles kreuz und quer. Mal Belletristik, mal Sachbuch, mal Lyrik.

● Ehrlich gesagt: keine

● Die regionale Tageszeitung.

(Lösung 1: Die Gehirnstruktur ist bei Kleinkindern noch durch Nervenstränge in alle Richtungen geprägt. Im Laufe unseres Lebens lernen wir durch Erfahrung, Förderung und Ausbildung verschiedene Schwerpunktbildungen – auch im Gehirn. Umso wichtiger ist es für ein gut arbeitendes Gedächtnis auch die weniger benutzten Strukturen aktiv zu halten bzw. wieder zu beleben. Probieren Sie zum Beispiel auch einmal als Rechtshänder alltägliche Tätigkeiten mit der linken Hand zu verrichten.)

H *Sie sind in einer unbekannten Stadt trotz Stadtplan mit dem Auto falsch abgebogen. Wie finden Sie sich zurecht?*

● Ich lasse das Auto gleich stehen und fahre mit öffentlichen Verkehrsmitteln.

● Ich lasse mich abholen.

● Ich schaue nochmals in den Plan und erfahre dadurch die Wege durch die Stadt.

(Lösung 3: Sehr viel Lebenserfahrung entsteht durch learning by doing. Säuglinge und Kleinkinder erlernen ausschließlich durch Nachahmung und Austesten. Auch im Erwachsenenalter geht das besser als manche denken. Nehmen Sie derartige Herausforderungen an! Wenn Sie nach 30 Minuten noch nicht am Ziel sein sollten, können Sie immer noch zwischen den verbliebenen Möglichkeiten wählen.)

I *Nach einem Kneipenabend möchten Sie die Rechnung im Kopf überschlagen. Wie ergeht es Ihnen?*

● Ich schaffe es, den gerundeten Betrag ohne Schwierigkeiten zu überschlagen.

● Ich gebe entnervt nach dem vierten Posten auf.

● Ich hole Stift und Zettel. Im Kopf geht das nicht.

(Lösung 1: Kopfrechnen ist reine Trainingssache. Machen Sie durch Mitrechnen beim Bezahlen Ihren Kopf fit.)

J *Sie sitzen in einem Kreativ-Meeting. Welche Rolle spielen Sie dabei?*
● Ich mache den Protokollführer – das kann ich am besten.
● Ich bin sehr kreativ. Brainstorming liegt mir.
● Ich übernehme den Telefondienst. Kreativmeeting ist nichts für mich.

(Lösung 2: Menschen handeln heute häufig ausschließlich logisch. Doch auch wilde Gedanken bringen einen weiter. Nicht umsonst gibt es spezielle Brainstorming-Runden, die losgelöst vom Tagesgeschäft, neue Ideen entwickeln. Das macht Spaß und eröffnet neue Wege! Testen Sie diese Methode doch auch einmal in Ihrem Privatleben.)

Zählen Sie nun zusammen, wie viele Punkte Sie haben und sehen Sie sich die nachstehende Auswertung an.

0–3 Punkte Sie tun sich etwas schwer, Ihren Geist auf Trab zu bringen. Versuchen Sie doch einmal, aus eingefahrenen Strukturen herauszukommen und etwas völlig Neues zu machen. Warum nicht? Wenn Sie Hemmungen haben, sich mal einen Roman statt der Fachliteratur zu kaufen, leihen Sie sich das Buch erst einmal in der Bücherei aus. Überraschen Sie sich selbst mit einer ganz neuen Seite und staunen Sie, was da alles möglich ist!

4–6 Punkte Sie sind ein fleißiger Arbeiter, der sich in gewissen, manchmal noch zu engen Grenzen bewegt. Aber grundsätzlich hätten Sie es drauf. Warum also nicht starten und sich und Ihre Umwelt überraschen!

7–10 Punkte Sie wissen, wie Sie Ihren Kopf fordern und fördern. Gut so! Auch wenn Ihre Umwelt manchmal mit Ihren Kapriolen nicht konform geht, so wissen Sie, was alles möglich ist und setzen Sie dieses Wissen auch um. Machen Sie weiter so!

Setzen Sie ihren Lerntyp ein

Um Ihre Gedächtnisleistung zu optimieren, sollten Sie Ihrem Lerntyp entsprechend vorgehen. Nur so kann Ihr Gehirn die eingehenden Informationen auch richtig verschlüsseln, speichern und jederzeit wieder abrufen. Je nach Veranlagung und Gewohnheit bevorzugt jeder Mensch zum Lernen andere Sinnesorgane.

- Der visuelle Lerntyp lernt hauptsächlich durch Sehen und Beobachten.
- Der auditive Lerntyp lernt am besten über das Hören.
- Der motorische Lerntyp lernt am ehesten über Bewegungserfahrungen, z.B. beim Gehen.

Welchem dieser Lerntypen sind Sie am ehesten zuzuordnen. Beachten Sie dabei, dass die meisten von uns Mischtypen sind, bei denen sich zwei oder sogar alle drei Lerntypen überlappen. Achten Sie ganz bewusst darauf, welche Sinne Sie im Alltag bevorzugt einsetzen.

- Sind Sie der visuelle Typ, behalten Sie Informationen am besten, wenn Sie sich diese bildlich vorstellen und in Ihrer Fantasie ausschmücken.
- Als auditiver Typ nutzen Sie Sprache und Klänge zum Lernen. Verwenden Sie Reime und lassen sich Texte laut vorlesen.
- Der motorische Typ lernt am besten, indem er selbst etwas tut. Nutzen Sie daher Körperbewegungen oder gestalten das Problem rhythmisch. Eine Telefonnummer können Sie sich z.B. besser über die Bewegungen auf der Eingabetastatur einprägen. Laufen Sie zum Lernen eines Textes im Zimmer auf und ab. Einen langen Bankcode prägen Sie sich am besten über rhythmisches Sprechen ein.

Schritt 7 – Gedächtnistraining für jeden Tag

Mit „Mnemonik" (griech. Gedächtniskunst) werden alle Methoden bezeichnet, mit denen Sie sich eine große Anzahl von Informationen auf einfache und wirkungsvolle Weise merken können.

Das wichtigste Hilfsmittel beim Erinnern ist unsere Fantasie. Denn unser Gehirn kann sich die Dinge am besten merken, die wir mit Bildern und Geschichten assoziieren. Immerhin speichert jeder Mensch etwa 10 000 Bilder in seinem Gedächtnis. Diese zum richtigen Zeitpunkt wieder abzurufen, ist lediglich eine Frage des Trainings. Lassen Sie Ihrer Fantasie also freien Lauf.

- Steigern Sie Ihre Bilder ins Absurde. Wenn Sie z.B. immer wieder vergessen, Ihr Auto abzuschließen, stellen Sie sich von nun an Ihr Auto mit einem Riesenschlüssel auf dem Kofferraum vor. So werden Sie unbewusst immer daran erinnert, Ihr Auto abzuschließen, sobald Sie es vor Augen haben.
- Denken Sie in bewegten oder dreidimensionalen Bildern. Das menschliche Gehirn kann sich daran besser erinnern als an Standbilder.
- Bringen Sie System in Ihre Informationen. Bilden Sie Gedankenkategorien. Zum Beispiel: Die belgische Flagge enthält die gleichen Farben wie die deutsche, nur in einer anderen Reihenfolge und senkrecht gestreift.
- Denken Sie auf mehreren Sinnesebenen. Müssen Sie beispielsweise noch Wein für das Candle Light Dinner einkaufen, stellen Sie sich nicht nur die Flasche oder das Etikett vor, sondern fühlen Sie den Geschmack des Weins. Wetten, dass Sie den guten Tropfen bei Ihrem Einkauf nicht vergessen?

Assoziationssysteme

Diese Klassiker unter den Memoriertechniken setzten bereits die römischen Senatoren für Ihre oft stundenlangen Reden im Kapitol ein. Wählen Sie unter den folgenden drei Assoziationsmodellen, mit denen Sie sich leicht und effektiv eine große Zahl von Einzeldaten schnell und in der richtigen Reihenfolge merken können, das für Sie passende aus.

A   Kettengeschichten
Diese Methode bildet die Grundlage aller Assoziationssysteme, nämlich das kettenartige Verknüpfen von Einzelinformationen. Dazu denken Sie sich eine geeignete Geschichte aus. Je verrückter, desto besser! Ideal ist diese Technik bei Vorträgen und freien Reden.

B   An den Haken hängen
Wenn Sie sich eine längere Reihe von schwierigen Wörtern merken sollen, ist diese Methode hilfreicher. Dazu legen Sie sich eine "geistige Garderobe" zurecht, an der Sie die einzelnen Wörter dann nur noch aufhängen müssen. Die Garderobe besteht aus den Zahlen Eins bis Zehn und Begriffen, die sich auf diese Zahlwörter reimen, z.B. Eins ist

Heinz, Zwei ist Heu, Drei ist Brei, Vier ist Stier usw. Dieses Muster merken Sie sich gut und verändern es nicht mehr. Wenn Sie sich nun verschiedene Begriffe merken müssen, brauchen Sie diese nur noch an der „geistigen Garderobe" aufzuhängen.

Sollten Sie mehr als zehn Begriffe in einer bestimmten Reihenfolge miteinander verknüpfen wollen, verbinden Sie Ihre Garderobe zusätzlich mit Farben. Zum Beispiel Gelb für die Zehner, Rot für die Zwanziger, Grün für die Dreißiger usw. Dann stünde rotes Heu für 22, grüner Heinz für 31 usw.

C   Die Loci-Methode – der geistige Spaziergang

Die Ort-Assoziation ist eine der ältesten Mnemotechniken. Dinge oder Begriffe, die Sie auf keinen Fall vergessen wollen – z. B. während eines Vortrags – verknüpfen Sie im Geiste ganz einfach mit Ihnen vertrauten Stellen. So müssen Sie diese Stellen dann nur noch in Gedanken durchgehen und schon erinnern Sie sich an jede Einzelheit.

Stellen Sie sich z.B. Ihr Wohnzimmer vor. Sicher haben Sie dort markante Gegenstände wie Fenster, Sessel, Sofa, Couchtisch, Fernseher, HiFi-Anlage usw. An diesen Punkten setzen Sie nun in Gedanken die Begriffe, die Sie sich merken wollen. Diese innere Landkarte können Sie jederzeit abrufen.

D   Landkarte der Gedanken – Mind Mapping

Die meisten Menschen setzen im Alltag vor allem ihre linke Gehirnhälfte, die für logisches und analytisches Denken verantwortlich ist, ein. Die rechte Gehirnhälfte dagegen ist für Fantasie, Kreativität, Intuition, Farben und Poesie zuständig und kommt oft zu kurz. Der Engländer Tony Buzan erfand eine Methode, mit der Sie die Ideen zu einer Fragestellung oder einem Problem sinnvoll ordnen sowie Ihre Assoziationsfähigkeit und Kreativität fördern können. Dazu nehmen Sie ein weißes Blatt Papier. In die Mitte schreiben Sie den Hauptgedanken. Von hier aus zweigen Sie nun Äste ab, jeweils versehen mit einem Schlüsselbegriff zum Thema – und zwar ganz spontan und egal, wie absurd es bei näherer Betrachtung vielleicht wirken mag. Von diesen Ästen gehen dann weitere Verzweigungen ab, auf die Sie wiederum Begriffe schreiben, die Sie damit verbinden usw.

Probieren Sie Mind Mapping mehrmals aus und Sie werden sehen, dass Ihre Gedächtnislandkarten übersichtlicher werden. Diese Methode kann Ihnen bei Planungen jeglicher Art, der Zusammenfassungen von Texten, zur Ideenfindung, zum Brainstorming in der Gruppe, für Gliederungen oder als Notizen für wichtige Gespräche gute Dienste erweisen.

Machen Sie Ihre Konzentrationsfähigkeit fit

Eine gute Konzentration ist der direkte Weg zum Gedächtnis. Im Alltag lenken uns meist viele Dinge ab. Zwar kann unser Gehirn viele Inputs auf einmal verarbeiten. Doch wenn es zu viel wird, können wir uns keiner Aufgabe konzentriert widmen.

Trainieren Sie jeden Tag:

- Versuchen Sie, bei bestimmten Fragen oder Problemen Ihren Blick auf das Wesentliche zu richten, zu fokussieren. Lernen Sie, sich nur auf die momentane Aufgabe oder Tätigkeit zu konzentrieren und alle ablenkenden Gedanken, Geräusche und Störungen zu ignorieren.

- Finden Sie Ihr geparktes Auto leichter wieder, indem Sie sich Fixpunkte in der unmittelbaren Umgebung merken – eine Plakatwand, ein Kiosk oder einen Brunnen.

- Schärfen Sie Ihre Sinne, indem Sie beim Musikhören genau auf den Rhythmus und die verschiedenen Instrumente achten. Oder schauen Sie aus dem Fenster und versuchen Sie, draußen so viele Details wie möglich wahrzunehmen.

- Nehmen Sie eine alte Zeitung und streichen Sie fünf Minuten lang zügig bestimmte Buchstaben an – z.B. jedes „A" oder „M". Sie werden gerade anfangs sicher einige auslassen. Aber mit jedem Üben werden Sie besser!

- Oder streichen Sie alle Wörter an, in denen ein Buchstabendoppel (z.B. „mm" oder „nn") auftritt oder in denen zweimal der gleiche Buchstabe vorkommt (z.B. das „a" in Waschlappen). Trainieren Sie auf Zeit und versuchen Sie, schneller zu werden.

- Sie können sich Zahlen bzw. Zahlenkombinationen schlecht merken? Prägen Sie sich Telefonnummern im Zweier- oder Dreierrhythmus ein. So wird aus der langen Nummer 621943 schnell ein leichter zu merkendes 62-19-43 bzw. 621-943.

  Oder versuchen Sie, in langen Zifferreihen oder Telefonnummern ein mathematisches Schema zu entdecken. So wird z.B. die Nummer 47 28 256 zu 4 x 7 = 28 x 2 = 56. Manchmal finden sich auch einfache Zahlenkombinationen wieder wie auf- oder absteigende

Zahlenreihen. Andere Nummern enthalten Spiegelungen, z.B. die Zahlenreihe 836 638.

Zahlen kann man sich auch anhand von Symbolen merken. Dazu werden Bilder gewählt, die von der Form her an die jeweilige Zahl erinnern. 2 = Schwan, 5 = Hand, 4 = vierblättriges Kleeblatt usw.

- Sollten Sie zu den Menschen gehören, denen es schwer fällt sich Termine zu merken, verwenden Sie in Zukunft Zahlenbilder, wie im vorhergehenden Absatz beschrieben. Setzen Sie dabei die Zahlenbilder für die vollen Stunden ein.

- Wenn Ihnen nachts im Bett noch etwas Wichtiges für den nächsten Tag einfällt, sollten Sie ein Buch auf den Boden legen oder Ihren Hausschuh verkehrt herum drehen. Wenn Sie am Morgen darüber stolpern, wird Ihnen wieder einfallen, worüber Sie in der Nacht nachgedacht haben.

- Wenn Sie befürchten, etwas Wichtiges wie einen Termin oder eine Besorgung zu vergessen, schreiben Sie es auf einen Notizzettel und kleben Sie diesen an eine Stelle, an der Sie morgens garantiert vorbeikommen: an den Badezimmerspiegel, die Wohnungstür oder an die Kaffeemaschine.

- Damit Sie beim Verlassen der Wohnung wichtige Dokumente oder Bücher nicht vergessen, legen Sie sich einen Gegenstand auf Ihre Tasche oder Jacke, der Sie daran erinnert, die betreffenden Unterlagen mitzunehmen. Oft reicht für diesen Zweck sogar schon eine einfache Büroklammer.

- Um Texte besser zu behalten, können Sie drei Lerntechniken miteinander kombinieren:
  - Wiederholen
  - Auf das Wesentliche reduzieren
  - Assoziieren

Schrittweise gestaltet sich das folgendermaßen:
- Lesen Sie den Text zweimal durch. Das erste Mal überfliegen Sie ihn nur, beim zweiten Mal lesen Sie ihn aufmerksamer durch.
- Versuchen Sie nach dem zweiten Lesen, die einzelnen Hauptargumente des Textes zu erfassen und diese auf einem Blatt Papier so knapp wie möglich zu formulieren.
- Stellen Sie sich diese Begriffe jetzt bildlich vor und verbinden Sie diese in der Reihenfolge, wie sie auch im Text vorkommen.

- Markieren Sie sich die Kernaussagen des Originaltextes zusätzlich mit einem Highlighter oder machen Sie sich eine Randnotiz.

Eine freie Rede will gelernt sein und vergessen sollte auch nichts werden. Damit es keine Erinnerungslücken gibt, hier einige Tipps:

- Notieren Sie alle wichtigen Aussagen, Ideen und Zitate zu Ihrem Vortrag.
- Bringen Sie Ihre Gedanken in Form einer kurzen Gliederung zu Papier.
- Zu jedem Punkt der Gliederung notieren Sie sich einige Stichworte auf Karteikarten (maximal zehn Karten).
- Bei der Aufzählung von Fakten können Sie auf eine der weiter oben genannten Assoziationsmethoden zurückgreifen.
- Lernen Sie die ersten Sätze und den Schluss Ihres Vortrags auswendig.

IV. Kapitel
Ruhepole – Just in Time

Wie Sie die Work-Life-Balance schaffen

Alle Strategien, die uns zu mehr Lust auf Leistung motivieren sollen, sind nur dann sinnvoll, wenn wir in der Lage sind, uns bewusst und mit einem guten Gefühl Auszeiten zu nehmen. Anstatt immer härter oder länger zu arbeiten, um der Zeitfalle zu entrinnen, gilt es im richtigen Moment innezuhalten und seine Akkus wieder aufzuladen. Ein voller Terminkalender ist kein ausgefülltes Leben. Ohne Entspannung führt der angepeilte Weg nach oben unweigerlich in ein Gletscherspalte. Der Absturz ist vorprogrammiert. Kein Mensch kann ständig auf Hochtouren laufen und Ausdauer zeigen. Sieger bestechen schließlich nicht nur durch Power-Tugenden wie Durchhaltevermögen und Disziplin. Sie sind in der Lage sich zu entspannen und sich Auszeiten zu nehmen. Wer Herr seiner Zeit ist und sein Leben gut im Griff hat sorgt nicht nur für seine körperliche und mentale Fitness. Er organisiert seinen beruflichen und privaten Alltag so, dass seine Autonomie erhalten und er handlungsfähig bleibt. Er kennt seine Grenzen und seine Belastbarkeit und beugt Erschöpfungsphasen durch eine ausgewogene Lebensweise vor.

Wie haben verschiedene Möglichkeiten uns auszuruhen und die Akkus wieder aufzuladen. Das kann das Glas Bier mit Freunden am Abend sein, ein Candle-Light-Dinner mit der oder dem Liebsten, eine Kanufahrt mit den Kindern am Wochenende oder einfach mal frühzeitig ins Bett zu gehen und sich richtig auszuschlafen. Kleinere Auszeiten in dieser Form halten einen auf ihre Weise fit. Sie stärken das Immunsystem und mindern damit auch noch die Anfälligkeit für Krankheiten. Klar, dass man so seine Leistungsfähigkeit erhalten kann und gleichzeitig ein zufriedener Mensch ist. Wer innerlich ausgeglichen ist, ist auch noch in der Lage konzentriert und kreativ zu agieren, wenn es brennt. Balance ist das Zauberwort: Es kommt allein auf ein gesundes Gleichgewicht zwischen Arbeit und Ruhe, zwischen Anspannung und Entspannung an.

Rechtzeitig Stressfolgen ausbremsen

Wer sein Leben und sein Selbstbild dauerhaft verbessern will, muss diese Balance im Auge behalten. Andererseits tun sich besonders Männer in anspruchsvollen Positionen schwer, lockerzulassen. Das Gefühl, keine Zeit mehr zu haben, weil jede Minute in den Beruf investiert wird, ist für viele Manager normal und gehört eben zu den negativen Seiten des Erfolges. Nur macht einen Erfolg auf diese Weise früher oder später krank. Die meisten Menschen sind oft erst dann bereit, ihr Leben zu ändern, wenn die Leistungsschraube fast überdreht ist, sprich wenn Burn-out (siehe Kapitel I, Seite 12) oder psychosomatische Beschwerden ausbrechen.

Stress an sich ist nichts Schlimmes, d.h. er schadet nicht in erster Linie. Ganz im Gegenteil, Druck kann uns auch vorwärts bringen und Energien freisetzen, wenn es sich um die konstruktive Umsetzung von Projekten oder rasche Problemlösungen dreht. Wenn wir unter Stress stehen, heißt das im Grunde nichts anderes, als dass wir uns unter Hochdruck auf ein bestimmtes Ziel konzentrieren, alles deutlicher wahrnehmen und sofort handlungsbereit sind. Auch dann, wenn wir uns über einen Kunden ärgern oder drei Entscheidungen gleichzeitig treffen müssen und seit fünf Minuten im Meeting sitzen müssten. „Fight or Flight" nennen Stressforscher diese akute Alarmphase, in der wir reagieren können ohne nachzudenken. Diese Phase ist eine weitere faszinierende Erfindung der Natur und gehört zu unserem Überlebensprogramm, denn so können wir auch in brenzligen oder bedrohlichen Situationen adäquat und zu unserem Vorteil reagieren.

Eu-Stress und Dis-Stress

Eu-Stress oder positiver Stress entsteht, wenn wir uns auf etwas intensiv freuen. Auch wenn wir etwas tun, was uns befriedigt, wie zum Beispiel an einem sportlichen Wettkampf teilzunehmen, kommt es zu dieser positiven Anspannung. Eu-Stress ist lebensnotwendig. Er setzt uns in Aktion, lässt uns Probleme lösen und vorwärts kommen. Eu-Stress hat allerdings auch seine individuellen Grenzen und hängt stark mit unserer nervlichen Konstitution zusammen. Druck, den der eine noch als positiven Kick empfindet, kann für den anderen schon belastend sein.

Dis-Stress ist krank machender Stress. Er hat die unterschiedlichsten Auslöser. Wie stark man Dis-Stress empfindet, hängt von unserer gesundheitlichen und seelischen Verfassung, aber auch von unserer Erziehung und unserem Erbgut ab. Negativer Stress entsteht nicht selten im Kopf. Ungelöste Konflikte, Konkurrenzneid, Überlastung durch unerledigte Projekte, Zukunfts- oder Versagensängste, übertriebener Ehrgeiz oder Unzufriedenheit mit der familiären Situation lassen Geist und Körper nicht zur Ruhe kommen.

Krankmachende Gewohnheiten aufgeben

Chronischer Stress und die Unfähigkeit abzuschalten machen kaputt. Man altert schneller, wird anfälliger für psychosomatische Beschwerden, entwickelt Aggressionen, ein ungesundes Essverhalten, würgt seinen Sex ab und am schlimmsten für die Menschen, die einem einmal nahe standen, man verändert sein Wesen. Gegensteuern kann man krankmachenden Stresserfahrungen mit Sport oder über das Anzapfen der eigenen psychischen Ressourcen. Doch so einfach ist das nicht. Jeder tut sich schwer, sich von Gewohnheiten zu trennen, auch wenn sie einem schaden. Man kennt es eben nicht anders. Der nächste Schritt ist dann, aktiv etwas für sich zu tun. Das wiederum hat viel mit der Wertschätzung zu tun, die wir uns selbst gegenüber empfinden. Die Grundfragen, die sich hier stellen, lauten: Bin ich es wirklich wert, dass es mir gut geht? Bin ich es wert, dass ich etwas für meine Gesundheit tue?

In der Kindheit lernen wir den Umgang mit Gefühlen und sehen uns Verhaltensweisen ab, die wir als wünschenswert erachten. Das können auch unangenehme oder krankmachende Verhaltensweisen sein, z. B. mehr zu leisten, als man im Grund noch in der Lage ist oder zur Flasche zu greifen, weil man seine Gefühle (Versagensängste, innere Leere) nicht mehr aushalten kann. Hat ein Mann beispielsweise nie gelernt seine Gefühle auszudrücken oder sich mit ihnen auseinanderzusetzen, dann ist er benachteiligt. Er tut sich schwer in persönlichen Zielsetzungen, lässt in Beziehungen keine echte Nähe zu und bezieht seine Kraft allenfalls aus Disziplin, nicht aber aus echter Begeisterung für ein Projekt, einen Beruf, einen Menschen.

Hinzu kommt bei vielen berufstätigen Männern ein stereotyper Alltag mit wenig Freiräumen zur persönlichen Entfaltung. Hier sind die Möglichkeiten, Eigeninitiative zu entwickeln oder spontane Ideen auszuleben per se eingeschränkt. Umso wichtiger ist das Schaffen von Freiräumen und Entspannungsoasen. Das hat jeder im Griff, – und nicht jeder hat einen 16-Stunden-Tag. Mit einem neuen Zeitmanagement kann man gar nicht früh genug anfangen. Also: legen Sie los und vor allem, bleiben Sie dran.

Entschleunigung: Wann es wichtig ist, das Tempo zu verringern

Verschieben Sie Ihre Entspannung nicht auf den Jahresurlaub. Oft haben wir den Punkt, an dem wir Ruhe brauchen schon lange überschritten. Unser Leben ist dem eines Hamsters im Laufrad nicht unähnlich geworden. Richtig problematisch wird es, wenn unser Immunsystem den Beschuss durch Stressoren (innere und äußere Belastungen) nicht mehr abfangen kann. Bei Dauerstress entstehen im Körper Freie Radikale, die unsere Körperzellen schädigen. Die Folge sind raschere Alterungsprozesse. Wir sehen müde aus, werden schneller grau, verlieren Haare, die Haut verliert an Elastizität. Hinzu kommt, dass chronischer Stress die Magensäureproduktion erhöht, das Verhältnis der Blutfette HDL und LDL (siehe Kapitel II; Seite 68) ungünstig beeinflusst und Muskelverspannungen verursachen. Diese wiederum führen zu Stresskopfschmerzen. Hinzu kommen Verspannungen im Nacken, Rückenschmerzen, Schlafprobleme, hohe Reizbarkeit und schlechte Stimmung. Krankmachender Stress bewirkt auf Dauer außerdem bei jedem Menschen, dass sich sein Wesen verändert.

Wem nützt die Selbstausbeutung?

Wer sich beruflich über Jahre hinweg ausbeutet und die dabei aufkommenden Gefühle nicht ausleben kann, weil er nicht weiß wie, macht sich dauerhaft krank. Er ist ein paar mal zu oft an die Grenzen seiner körperlichen und mentalen Kräfte gestoßen. Es beginnt damit, dass man unkonzentrierter und langsamer, sprich ineffizienter arbeitet. Wer ständig nervös und unausgeschlafen ist, wird schnell ungeduldig und trifft überstürzte, oft falsche Entscheidungen. Dauert diese Situation länger an, ist der Teufelskreis perfekt: Die Leistung geht zurück, man arbeitet noch mehr, um die Lücken zu füllen, und erreicht doch nur, dass die Spirale nach unten immer schneller wird. Einer der Hauptstressoren neben ihrer verlorenen Autonomie, die den meisten Betroffenen über die Jahre entglitten ist, ist Zeitmangel – für sich selbst, für die Familie und Freunde. Zudem hat sich im Hintergrund in der Regel ein Szenario aus lebhaften Versagensängsten angebahnt: Wer auf der mittleren bis oberen Wettbewerbsstufe angelangt und auf dem Sprung nach ganz oben ist, macht häufig den Fehler, keine Aufgaben mehr zu delegieren und hängt fest an der Überzeugung, nur er können gewisse Aufgaben erledigen. Die Angst vor der Konkurrenz, die einem den Platz an der Sonne streitig machen könnte ist immens. Die Kräfte, die zur Bewältigung der Aufgaben eingesetzt werden, sind oft die letzten. Schlimmstenfalls gerät alles außer Kontrolle, der Beziehungsbankrott droht, der eigen Organismus geht aus dem Ruder. Aus dem ehemals guten Dr. Jekyll wird das Monster Mr. Hyde, die Information des Gehirns an Organe und Zellen lautet: Umstellung auf einen krankmachenden Stoffwechsel. Ist dieser Zeitpunkt erreicht, ist es eigentlich schon zu spät, um umzuschalten auf Gesundheit, Entspannung und irgendwann wieder eine gesunde Leistungsfähigkeit.

Burn-out heißt dann die Diagnose, und das bedeutet immer eine langwierige ärztliche und psychotherapeutische Betreuung, um wieder auf die Beine zu kommen. Wer kontinuierlich und langfristig gute Ergebnisse bringen und erfolgreich sein will, muss sich stabile Grundlagen erarbeiten, um den hohen Anforderungen gewachsen zu sein. Diese Grundlagen bestehen in einem ausgewogenen Verhältnis von Beruf und Privatleben sowie dem regelmäßigen Wechselspiel zwischen Anspannung und Entspannung. Und die kann man sich nur aktiv und selbstbestimmt erarbeiten.

Voll gegen die Wand mit Burn-out

Ausgebrannt – mit diesem bildhaften Ausdruck wird ein Zustand tiefer seelischer und körperlicher Erschöpfung und Verausgabung bezeichnet. In medizinischen und psychiatrischen Lehrbüchern wird man unter dem Begriff Burn-out-Syndrom kaum fündig , denn er beschreibt keine streng definierte Erkrankung. Dennoch ist das Burn-out-Syndrom heutzutage in aller Munde, einerseits wegen der oft schweren und lang andauernden Krankheitssymptome, andererseits wegen der persönlichen und gesellschaftlichen Folgen für die Betroffenen. Auch ökonomisch wird Burn-out wegen der oft lang anhaltenden Arbeitsunfähigkeit der Patienten zum Rechenfaktor.

Zentrale Auslöser für das Burn-out-Syndrom sind berufliche Überlastungssituationen, weshalb es lange als Manager-Krankheit galt. In der Krankheitsstatistik tauchen mittlerweile aber auch gehäuft Angehörige sozialer Berufe auf, Lehrer und Hausfrauen, die unter Doppel- und

Mehrfachbelastungen zusammenbrechen. Es gelingt nicht mehr, gesteigerte berufliche Erwartungen mit den anderen Rollenerwartungen im Leben in Übereinstimmung zu bringen.

Ein Berufseinstieg, eine Beförderung, ein Jobwechsel oder die stetige Mehrbelastung bei sich stetig verschlechternden wirtschaftlichen Bedingungen können sich zu so genannten Fallen-Situationen verdichten. Der schier unauflösbare Dis-Stress entsteht aus einer Gemengelage von Überforderung, dem Gefühl, den eigenen Erwartungen nicht gerecht werden zu können, am Druck der Realität zu verzweifeln oder sich nicht mehr abgrenzen zu können. Vor allem engagierte, leistungsfähige Menschen sind gefährdet, ein Burn-out-Syndrom zu entwickeln – also Menschen, die enthusiastisch und Energie geladen an eine neue Aufgabe gehen. Sie „brennen" für eine Sache. Der Alltag, Zeitdruck, ökonomische Zwänge – d.h. Erfahrungen, an Grenzen zu stoßen – das lässt sie zunächst noch mehr Kampfgeist entwickeln und führt beim Scheitern in die Frustration.

Ein schleichender Prozess

Ein Burn-out-Syndrom äußert sich in seelischen und körperlichen Krankheitszeichen wie Antriebsarmut, chronischer Müdigkeit, Schlafstörungen, Gereiztheit, Konzentrationsstörungen, Kopfschmerzen, Infektanfälligkeit, Kreislaufstörungen, Magen-Darm-Beschwerden, Rückenschmerzen, Potenzstörungen oder Suchtkrankheiten. Dem allmählichen „Ausbrennen" folgen Rückzug, Abkapselung, Vernachlässigung von Familie, Hobbys und Privatleben und schließlich Hoffnungslosigkeit, Apathie und Depression. Ein Gefühl der inneren Leere macht sich breit. Der Enthusiasmus ist verflogen, das Engagement sinkt. Viele Betroffene stellen sich die Frage nach ihrem Lebenssinn.

Das Burn-out-Syndrom taucht nicht plötzlich auf. Es ist ein schleichender Prozess, der sich oft über einen langen Zeitraum erstreckt. Man spricht von vier Phasen:

1. Der Zwang sich zu beweisen, mit überhöhtem Engagement, hohen Idealen, Erwartungen, die in der Realität nicht erfüllt werden können und zur Erschöpfung führen.
2. Eingeschränktem Engagement. Infolge von Enttäuschungen und Erfolglosigkeit kommt es zu vermindertem Einfühlungsvermögen und zu Beziehungsproblemen.

3. Emotionale Reaktionen. Nimmt der Betroffene die Ursachen des Burn-out-Syndrom bei sich wahr, reagiert er mit Stimmungseinbrüchen, Resignation und Schuldgefühlen. Aggressives Verhalten kann die Folge sein.

4. Rückzug und Entwicklung einer schweren Depression im Sinne einer tiefgehenden seelischen Erkrankung mit erhöhter Selbstmordgefahr.

   Neben der Entwicklung schwerer, behandlungsbedürftiger Depressionen, besteht die ausgeprägte Gefahr einer Suchtentwicklung. Häufig werden Beruhigungsmittel, Schlaftabletten oder Alkohol dazu benutzt sich zu beruhigen und zu entspannen.

   Die Betroffenen erkennen zwar die Vorzeichen, wollen das Ausgebranntsein jedoch nicht wahrhaben und nicht gerne darüber sprechen. Darin liegt eine große Gefahr, dass insbesondere psychotherapeutische Hilfe, mit der man das Ruder noch einmal herumreißen könnte, zu spät in Anspruch genommen wird.

Symptome erkennen und vorbeugen

Einem Burn-out-Syndrom kann vorgebeugt werden: Körperbedürfnisse beachten, regelmäßige Pausen, effektives Zeitmanagement, Urlaube einplanen, Aufgaben delegieren, „nein" sagen lernen, einen Hang zum Perfektionismus vermeiden, das regelmäßige Anwenden von Entspannungstechniken, das alles sind wichtige Einzelmaßnahmen.

Es genügt jedoch nicht, nur an der Stellschraube Beruf zu drehen. Die einzelnen Lebensbereiche Partnerschaft, Familie, Freunde, Glaube und Spiritualität und soziales Engagement müssen wieder im Gleichgewicht sein. Nur so lässt sich Kraft schöpfen, nur so bleibt man langfristig leistungsfähig und dabei gelassen.

Unerlässlich bei ausgeprägten Symptomen ist Psychotherapie. Mit der Unterstützung eines Therapeuten lässt sich in Einzelsitzungen ein besserer Zugang zum eigenen Selbst entwickeln, lernt man sich selbst mit seinen Schwächen mehr anzuerkennen und verstehen zu können und entdeckt neue Seiten an sich selbst. Man kann lernen, sich im Gespräch zu öffnen, über seine Probleme zu sprechen und bereit zu sein, sich als Mensch mit all den verschiedenen Rollen, die unseren Alltag ausmachen, in den Prozess des Lebens einzubringen. Männer haben weitaus mehr Scheu, therapeutische Hilfe anzunehmen, weil das ihrem Image als Einzelkämpfer und harter Kerl widerspricht. Diese

Haltung ist im Zweifelsfall jedoch nur kontraproduktiv, weil „Mann" bei einem bereits manifesten Burn-out an einer tiefgehenden Selbstanalyse und dem Einüben gesunder Verhaltensweisen nicht vorbeikommt. Und dieser Prozess ist allein nicht zu bewältigen. Adressen von Therapeuten hält der Sozialpsychiatrische Dienst in jeder Stadt und Gemeinde bereit. Die Termine unterliegen wie Arztbesuche der Schweigepflicht und man kann Ihnen helfen einen Therapeuten zu finden, mit dem Sie offen ins Gespräch kommen.

Ein Stressbewertungssystem
Die Stressforscher Prof. Dr. Thomas Holmes und Richard Rahe haben ein Bewertungssystem für Stress erarbeitet. Dabei werden für verschiedene Ereignisse oder Probleme Stresspunkte von 10 bis 100 verteilt. Je mehr Ereignisse zusammenkommen, desto höher wird die Anzahl an Stresspunkten und damit die Belastung für uns. Ein Wert über 100 Stresspunkten stellt bereits eine erhöhte Stressbelastung dar. Wie hoch ist Ihr persönlicher Stresspegel zur Zeit?

- Hohe Stressbelastung (60 bis 100 Punkte) – Tod des Lebenspartners, Scheidung, Trennung
- Mittlere Stressbelastung (30 bis 60 Punkte) – eine ernsthafte Krankheit, Verlust des Arbeitsplatzes, Ruhestand, Tod eines Freundes, höhere Darlehen, eine größere Umorganisation am Arbeitsplatz und neue Aufgaben im Beruf sowie häufige Ehestreits oder sexuelle Probleme, aber auch Heirat oder die Geburt eines Kindes.
- Geringe Stressbelastung (10 bis 30 Punkte) – Beginn oder das Ende einer Ausbildung, besondere persönliche Leistungen, Ärger mit Verwandten, kleinere Darlehen, Wohnungswechsel, Ärger mit Vorgesetzten, veränderte Arbeitsbedingungen, Änderungen der Lebensumstände, der Essgewohnheiten oder im Schlafverhalten.

Wege aus dem Stress-Dilemma

Ausgeglichenheit und innere Stärke sind die Voraussetzungen, um im hektischen und anstrengenden Berufsalltag souverän und effizient zu bleiben. Diese Eigenschaften werden niemandem geschenkt – und man kann sie auch nicht kaufen. Man muss aktiv sein und permanent etwas dafür tun!
Wer sich von negativem Stress langfristig befreien will, wer länger leben will und mehr Lebensqualität genießen will, muss Kompetenz in Bezug auf sein eigenes Leben zeigen. Dazu gehört ein gründlicher

Blick auf die eigenen Ressourcen und das Stellen von ein paar wenigen aber entscheidende Weichen.

- *Erinnern Sie sich an Ihren persönlichen Wertekanon.* Dazu gehört auch der Blick nach außen, weg von sich selbst. Wo werden Sie außerhalb Ihres Berufes noch gebraucht, wo können Sie sich mit Ihren Qualitäten positiv einbringen? Wie bringen Sie sich in Ihre Partnerschaft und Familie ein. Wann sehen Sie Ihre Freunde. Tun Sie etwas für die Gemeinschaft?

- *Planen Sie Ihre Freizeit gezielt:* Hierzu erarbeiten Sie sich eine neue Zeitplanung und befassen sich mit Strategien, wie Sie zu mehr Zeit kommen. Sie werden rasch feststellen, dass sich tatsächlich noch das eine oder andere Zeitfenster öffnet, vor allem wenn Sie lernen, selbstbewusst Ihre Prioritäten zu verändern. Integrieren Sie die Verwirklichung von alten, immer noch unerfüllten Wünschen. Sie wollten immer schon einmal E-Gitarre spielen? Na dann, los. Melden Sie sich an. Sie waren begeisterte Turnerin und könnten jungen Leuten etwas beibringen? Dann fragen Sie bei Ihrem Sportverein nach. Hier sucht man immer nach ehrenamtlichen Helferinnen. Sie wollten als Kind gerne Feuerwehrmann werden? Nein, kein Scherz, die Freiwillige Feuerwehr bei Ihnen vor Ort freut sich über potenzielle Lebensretter, – und Sie brechen die Herzen der stolzesten Frauen (s.u.)/Männer.

- *Lassen Sie alle Veränderungen in der ersten Zeit langsam angehen.* Gehen Sie abends ins Freie, kommen Sie zur Ruhe. In einem nächsten Schritt steigern Sie Ihre Freizeit, auf zwei, drei Stunden die Woche. Widmen Sie sich in dieser Zeit Ihrer Partnerin, ihren Kindern, Freunden oder Sport. Apropos Sport: Es macht überhaupt keinen Sinn, wenn Sie sich nach einem Tag voller Dis-Stress abends noch eine Stunde beim Joggen, Radfahren oder Rudern auspowern. Damit treiben Sie nur Raubbau an Ihrem Körper. Langsamkeit ist angesagt. Verschieben Sie die Power-Sporteinheit lieber auf den frühen Morgen. Das gibt Ihnen den nötigen Kick.

- *Nehmen Sie es mit Humor:* Depressionen gelten heute als Volkskrankheit. Die Ursachen sind vielfältig, sie reichen von der Unfähigkeit zu entspannen bis hin zu Selbstzweifeln und dem Gefühl, keine Kontrolle mehr über sein Leben zu haben. Schwere Depressionen müssen therapeutisch behandelt werden. Leichtere Schübe von Niedergeschlagenheit und Selbstzweifeln kann man mit etwas gutem Willen und Selbstdisziplin ausgleichen. Gewin-

153

nen Sie insgesamt eine positivere Sichtweise, nehmen Sie nicht alles zu ernst, erkennen Sie die Lächerlichkeit mancher Situationen und nehmen Sie sich auch selber einmal auf die Schippe. Das macht sie sympathischer und ihr Leben leichter.

Wann ist ein Mann ein Mann

Das männliche Gehirn wird durch das Hormon Testosteron von Kindheit an auf Wettkampf, Eroberung, Verdrängung und auch Gewalt programmiert. Soweit die Evolution. Doch auch äußere Einflüsse beeinflussen die Entwicklung dieser Verhaltensweisen. Schließlich mussten sich die Männer über Jahrtausende an eine sich ständig verändernde Umwelt anpassen. Wie ein Junge sich entwickelt, welches Selbstbild er als Mann von sich hat, wie er mit seinem Gefühlshaushalt umgeht, welche Rolle Leistung in seinem Leben spielt und seine Fähigkeit zu entspannen, hängen zum Großteil von seiner Herkunftsfamilie, seiner Schulzeit und den Rollenbildern der Gesellschaft ab.

Wer negativ geprägt ist, seine männliche Identität durch fehlende Vorbilder beispielsweise nicht finden konnte oder aus einem autoritären Familiensystem stammt, wo er lernte Gewalt (auch verbale) ohne Widerspruch zu ertragen oder Zuwendung ausschließlich für gute Noten und gute Leistungen im Sport bekam, lebt im emotionalen Dauerstress. Genauso wie Jungen, deren körperliche und emotionale Leistungen nie anerkannt wurden und die ihre sexuellen Neigungen, egal ob hetero- oder homosexuell, unterdrücken mussten.

Im westlichen Kulturkreis misst man den Erfolg eines Mannes an Geld und Macht. Ein glückliches Leben ist damit zwangsläufig nicht verbunden. Der Preis besteht nicht selten in einem gescheiterten Privatleben. Suchtverhalten, sexuelle Perversion oder emotionale Verarmung sind die fatalen Auswüchse dieses „erfolgreichen" Lebens.

Eine Junge, ein Mann ist mehr als nur ein Leistungsträger. Er ist tatsächlich auch ein Wesen voll Kreativität, mit Gefühlen, mit Humor. Wer auf dem Weg zu seiner männlichen Selbstfindung Eigenschaften wie Wettbewerbsverhalten, Handlungsbereitschaft und körperliche Kraft, ja, und auch eine gewisse Aggressivität und Kampfgeist in ein konstruktives und kreatives Verhalten sowie in Zuneigung und Offenheit umsetzen kann, der ist ein Mann, der zugleich auch Mensch sein kann.

Es ist Zeit den Blick wieder auf die wirklich wichtigen Dinge im Leben zu lenken: Zeit, sein Leben bewusst wieder in die Hand nehmen, Geduld, Liebe, das Gefühl für den eigenen Körper und die eigene Ausstrahlung zu gewinnen. Übrigens: Das Magazin SZ-Wissen titelte im Juli 2005: „Wahre

Helden – Sanfte Männer sind Sieger im Wettkampf der Evolution." Frauen legen heute mehr Wert auf „eine verantwortungsbewusste Risikobereitschaft" als auf Draufgängertum. Ob der Mann Humor hat, künstlerisch-musisch begabt ist und sozialkompetent ist, spielt heute bei der Partnerwahl die entscheidende Rolle. Gefragt ist der sanfte Held, der Kinder vor dem Ertrinken und kleine Katzen von hohen Bäumen rettet... Daran kann man doch arbeiten.

Relax-Strategien

Auf den folgenden Seiten stellen wir Ihnen einige hocheffiziente, medizinisch erprobte Entspannungsstrategien, dazu Ratschläge zum gesunden Schlafen und zum täglichen Chill-out vor. Überlegen Sie bei der Auswahl für die zu Ihnen passende Technik, worum es Ihnen bei der Entspannung geht. Brauchen Sie eine kurze Ruhepause zum Auftanken oder haben Sie das Bedürfnis nach einer tiefergehenden Veränderung?

Mit regelmäßig angewandtem Autogenes Training (AT), Progressiver Muskelentspannung PMQ und Meditation können Sie sich langfristig innerlich neu ausrichten. Ihre Wirkung auf Persönlichkeit und Ausstrahlung ist enorm. Man kann die Techniken ohne weiteres selbst erlernen. Trotzdem ist es manchmal von Vorteil, gerade wenn man dabei ist verschiedene Lebensbereiche zu verändern, sich einer Gruppe anzuschließen und sich von einem Lehrer einführen zu lassen. Außerdem hilft einem ein fester Termin bei der Stange zu bleiben. Das ist für Menschen, die es verlernt haben sich zu entspannen, ein wichtiger Ankerpunkt. Auch empfehlenswert sind CD's mit den aufgesprochenen Formeln der PMR und des AT. So sparen Sie sich das auswendig Lernen.

Richtig schlafen

Schlafen ist eine naturgegebene Entspannungstechnik und genauso wie Atmen, Essen und Trinken lebenswichtig. Im Schlaf erholt sich der Organismus und regeneriert sich. Ohne ausreichend Schlaf schwächen wir unser Immunsystem, werden krankheitsanfälliger, die Stimmung leidet, die Konzentration lässt schneller nach und wir fühlen uns ausgepowert.

Einschlafen geschieht nicht passiv, sondern wird vom Zwischenhirngebiet (Hypothalamus) aktiv durch besondere Impulse ausgelöst und gesteuert. Das Bewusstsein ist beim Schlaf ausgeschaltet. Unser Schlaf verläuft in zwei Phasen, deren Hirnwellen mit dem Elektroenzephalogramm (EEG) aufgezeichnet werden können. Dem Wachrhythmus (Alpha-Rhythmus) mit 8 bis 13 Wellen pro Sekunde folgt die Schläfrigkeit (Beta-Rhythmus, 4 bis 8 Wellen pro Sekunde). Sie geht in die erste Schlafphase (langsamer Schlaf, Delta-Rhythmus, mit weniger als 4 Wellen pro Sekunde) über. Herzschlag und Blutdruck sind gesenkt, die Muskelaktivität jedoch erhöht. Nach etwa einer Stunde vollzieht sich der Wechsel in die zweite Schlafphase (Gamma-Rhythmus, schneller Schlaf), die Gehirnwellen werden schneller und flacher. Herzschlag, Blutdruck und Atmung ändern sich ständig. Begleitet ist diese Phase von lebhaften Träumen (Traumschlaf). Auffallend sind jetzt schnelle Augenbewegungen (REM-Phase, Abkürzung für „rapid eye movement"). Langsamer und REM-Schlaf wechseln sich etwa fünfmal in jeder Nacht ab. Drei Viertel des Gesamtschlafs fallen auf die langsame, ein Viertel auf die Traumphase. Letztere dient vor allem der Regeneration der Gehirnzellen, während sich im langsamen Schlaf die Zellen des übrigen Körpers regenerieren und teilen können.

Gut geschlafen?

Grundsätzlich kommt es bei der Erholung im Schlaf allein auf die Qualität an, weniger auf die Dauer. Es gibt Menschen, die schlafen sieben bis acht Stunden. Andere sind bereits nach vier bis fünf Stunden erholt und frisch, während Langschläfer erst nach neun bis zehn Stunden zufrieden sind. Dann gibt es Morgen- und Abendmenschen, die – um sich erholt zu fühlen – zu unterschiedlichen Zeiten schlafen sollten. Allein die Stabilität des Schlafprofils, die Anpassung an den eigenen biologischen Rhythmus und die körperliche und geistige Leistungsfähigkeit am nächsten Tag sind entscheidend für einen guten Schlaf.

Schlafstörungen sind ein häufiges Symptom dafür, dass der Organismus nicht mehr rund läuft. Man nimmt die tägliche Anspannung mit in den Schlaf und hat Probleme damit, ein- oder durchzuschlafen. Bei abklingendem Stress lässt die Schlafstörung in der Regel wieder nach. Halten die Stressfaktoren, wie Zeitdruck, Probleme in der Partnerschaft, Unzufriedenheit mit dem eigenen Leben etc. länger an, verinnerlicht man die Spannung und die Schlafstörung kann dann sogar in Entspannungsphasen, wie im Urlaub auftreten, wenn man allen Grund hätte, relaxed zu sein.

Entspannt in die Nacht

Leichtere Formen von Schlafstörungen lassen sich ganz gut in den Griff bekommen, wenn man die nachfolgenden Regeln beachtet.

- Halten Sie jeden Tag, auch am Wochenende, regelmäßige Aufsteh- und Ins-Bettgeh-Zeiten ein. Die Einhaltung einer regelmäßigen Aufstehzeit ist dabei am wichtigsten, denn sie ist für unseren Biorhythmus der Ankerpunkt.
- Schlafen Sie nicht tagsüber. Selbst ein relativ kurzer Mittagsschlaf kann zu Ein- und Durchschlafstörungen in der Nacht führen. Wenn Sie auf einen Kurzschlaf nicht verzichten können, sollten Sie ihn auf keinen Fall nach 15 Uhr legen.
- Schränken Sie Ihre Bettliegezeit auf die Anzahl Stunden ein, die Sie im Durchschnitt pro Nacht in der letzten Woche geschlafen haben. Als Richtmaß kann bei primären Schlafstörungen gelten: Nicht länger als sieben Stunden im Bett verbringen.
- Trinken Sie drei Stunden vor dem Zubettgehen keinen Alkohol mehr: das Glas Bier verhilft zwar manchmal zu einem leichteren Einschlafen, beeinträchtigt aber die Schlafqualität und führt in der zweiten Nachthälfte oft zu Durchschlafproblemen.
- Trinken Sie vier bis acht Stunden vor dem Zubettgehen keinen Kaffee mehr. Die Schlaf schädigende Wirkung von Kaffee kann acht bis 14 Stunden anhalten. Auch schwarzer und grüner Tee sowie Cola enthalten Koffein.
- Rauchen Sie nicht mehr nach 19 Uhr abends. Nikotin wirkt sich auf den Schlaf ähnlich negativ wie Koffein aus. Insbesondere die Wechselwirkung aus Nikotin und Alkohol wirkt schlafstörend.
- Drei Stunden vor dem Zubettgehen sollten Sie keine größeren Mahlzeiten mehr einnehmen. Ein Snack wie eine warme Milch mit Honig oder eine Banane kann dagegen ganz hilfreich sein. Nahrungsmittel wie Milch, Bananen und Schokolade enthalten L-Tryptophan, ein Stoff, der im Gehirn eine Rolle bei der Schlafregulation spielt.
- Vermeiden Sie körperliche Überanstrengung nach 18 Uhr. Gehen Sie sportlichen Aktivitäten grundsätzlich tagsüber nach: Starke

körperliche Anstrengung regt unser sympathisches Nervensystem an, das für Aktivität und Stress zuständig ist, für mehrere Stunden lang an.

- Schaffen Sie zwischen Ihrem Alltag und dem Zubettgehen eine Pufferzone. Zwei Stunden vor dem Zubettgehen sollten Alltagsaktivitäten (z.B. der Planung für den kommenden Tag, Arbeit, anstrengende Gespräche) abgeschlossen sein.
- Sorgen Sie für eine angenehme Schlafumgebung. Nach Möglichkeit sollte das Schlafzimmer nicht gleichzeitig als Arbeitszimmer dienen.
- Eine der besten Einschlafhilfen, weil Sie intensiv auf das vegetative Nervensystem wirkt und für tiefe Entspannung sorgt, ist Sex. Sorgen Sie für eine erotische Atmosphäre, nehmen Sie ein gemeinsames Bad mit Ihrer Partnerin, zünden Sie Kerzen an, legen Sie eine CD mit entspannender Musik oder erotischen Chansons à la Gainsborough/Birkin auf und lieben Sie sich.
- Alle Entspannungstechniken, die im nächsten Kapitel beschrieben sind, wirken ebenfalls auf das Vegetativum und sind, am Abend eingesetzt, hervorragende Einschlafhilfen. Dazu muss man das sonst übliche Zurückholen auslassen.

Progressive Muskelentspannung nach Jacobson

Die Progressive Muskelentspannung ist sehr effektiv und universell einsetzbar und sehr für Menschen geeignet, denen das Erlernen von Yoga oder T'ai Chi zu aufwändig ist, sich aber schwer tun abzuschalten. Entwickelt wurde die Entspannungsübung in den 20er Jahren des letzten Jahrhunderts von dem US-amerikanischen Arzt Edmund Jacobson. Er fand bei der Untersuchung körperlicher Spannungszustände heraus, dass mit allen Gefühlen von Stress eine Erhöhung der Muskelanspannung einherging. Jacobson hatte bei seinen Patienten beobachtet, wie sich psychische Belastungen und Muskelverspannungen gegenseitig verstärken können. Aus dieser Erkenntnis heraus entwickelte er ein Verfahren zur Lockerung der Muskulatur. Die Technik wird auch als „Progressive Muskelrelaxation (PMR)" bezeichnet. Schrittweise spannt man dabei alle Muskeln und Muskelgruppen nacheinander an und lässt dann locker.

Körperlich wirkt die PMR entspannend und vitalisierend. Wer Sie beherrscht, kann sich damit in kurzen Pausen einen regelrechten Energiekick verpassen. Außerdem wird man gelassener und kann sich wieder besser konzentrieren. Klinische Anwendung findet die PMR bei Schlafstörungen, Nervosität, Angstzuständen, Muskelverspannungen, Spannungskopfschmerz, Migräne, anderen Schmerzsyndromen, Magen-Darm-Störungen, Bluthochdruck und Herzkrankheiten.

PMR muss gerade zu Anfang regelmäßig geübt werden. Nur so wird eine bessere Körperwahrnehmung erreicht und Verspannungen gelöst.

So entspannen Sie sich von Anfang an

- Ziehen Sie sich in einen geräuscharmen, angenehm temperierten Raum zurück
- Sie benötigen einen bequemen Stuhl oder eine weiche Unterlage auf dem Boden, wenn Sie im Liegen üben wollen
- Machen Sie sich keine Gedanken, ob sie die Übung richtig oder falsch machen.
- Sehen Sie direkt vor dem Üben kein Fernsehen, lesen Sie keine Zeitung und essen Sie nicht übermäßig
- Haben Sie Geduld! In der Anfangszeit klappt es nicht immer auf Anhieb.
- Schließen Sie beim Üben die Augen.
- Atmen Sie ruhig und natürlich.
- Loslassen! Einfach geschehen lasen und warten bis das Entspannungsgefühl sich von alleine einstellt
- Kein Entspannungstraining ohne das Zurücknehmen am Ende, außer Sie wollen wirklich schlafen!

30 Minuten Intensiv-Entspannung mit progressiver Muskelanspannung

1 Der Körper liegt locker und entspannt auf der Unterlage, Füße und Knie kippen auseinander, die Ellenbogen sind leicht angewinkelt, die Finger liegen locker und leicht gekrümmt auf die Unterlage. Atmen Sie ruhig und flach, beim Einatmen wölbt sich die Bauchdecke nach außen, beim Ausatmen fällt sie nach innen ein. Entspannen Sie Ihre Gesichtszüge.

2 Ballen Sie die rechte Hand zur Faust und spannen Sie die Hand und den rechten Unterarm stark an. Halten Sie die Spannung und entspannen Sie wieder, indem Sie innerlich von zehn bis Null hin-

unterzählen. Konzentrieren Sie sich dabei auf das Gefühl der Entspannung.

3 Jetzt spannen Sie die linke Hand an. Dann zählen Sie innerlich wieder rückwärts langsam von zehn bis Null. Atmen Sie ruhig und gleichmäßig. Mit jedem Atemzug sinken Sie tiefer in die Entspannung.

4 Beugen Sie jetzt beide Ellbogen mit geballten Fäusten nach oben. Spannen Sie den Bizeps fester und fester. Spannen Sie und strecken Sie die Arme wieder. Entspannen Sie. Noch einmal beide Fäuste ballen und den Bizeps anspannen, – und entspannen. Lassen Sie die Arme locker.

5 Strecken Sie die Arme vom Körper weg und drücken die Hände fest auf die Unterlage, so dass Sie eine starke Spannung im hinteren Oberarm empfinden. Nun wieder entspannen und die Arme bequem hinlegen. Wiederholen Sie die Übung und entspannen Sie. Atmen Sie gleichmäßig. Mit jedem Atemzug wird die Entspannung tiefer.

6 Jetzt ziehen Sie die Schultern nach hinten, drücken sie gegen die Unterlage und lassen wieder los. Atmen Sie dabei ruhig. Ziehen Sie jetzt die Schultern nach vorn und lassen sie fallen. Die Arme liegen schwer und locker auf der Unterlage.

7 Ziehen Sie beide Zehenreihen zum Körper heran und lassen los. Dann krallen Sie die Zehenspitzen nach vorn ein, als ob Sie einen Bleistift festhalten. Zehen loslassen. Lassen Sie ganz locker.

8 Strecken Sie die Fußspitzen weit von Körper weg nach unten aus. Spannen Sie die Unterschenkel fest an und lassen sie los. Ziehen Sie die Fußspitzen zum Körper hin, spannen Sie die Unterschenkel, und lassen sie los. Lassen Sie die Unterschenkel locker fallen.

9 Jetzt gehen Sie zu den Oberschenkeln. Schieben Sie die Füße vom Körper weg, und lassen Sie los. Wiederholen Sie die Übung und entspannen Sie.

10 Heben Sie beide Beine leicht von der Unterlage ab, und spannen Sie die Bauchdecke an. Sofort wieder fallen lassen. Ihre Beine entspannen sich immer mehr. Wiederholen Sie die Übung und versuchen Sie dann, die Bauchdecke ganz locker zu lassen.

11 Machen Sie ein Hohlkreuz, wobei Sie nur auf Nacken, Unterschenkel und Arme gestützt sind. Heben Sie das Gesäß und lassen sich wieder sinken. Wiederholen Sie die Übung lassen sich sinken. Sie entspannen alle Rückenmuskeln links und rechts der Wirbelsäule.

12 Ziehen Sie den Kopf nach vorn auf die Brust und lassen ihn wieder fallen. Jetzt pressen Sie den Hals in Nacken auf die Unterlage und lassen ihn wieder locker. Atmen Sie dabei ruhig und gleichmäßig. Jetzt ziehen Sie den Kopf kurz zur linken Schulter und lassen wieder locker. Ziehen Sie den Kopf zur rechten Schulter und lassen locker. Und noch einmal den Kopf auf die Brust heben und fallen lassen.

13 Beißen Sie leicht die Zähne aufeinander und lassen sie wieder los. Atmen Sie gleichmäßig. Pressen Sie die Lippen aufeinander und lassen sie wieder los. Ziehen Sie die Mundwinkel so weit wie möglich auseinander und lassen Sie locker. Spitzen Sie die Lippen und lassen Sie wieder locker. Entspannen Sie den Mund, die Zunge klebt nicht mehr am Gaumen. Ziehen Sie Ihre Augenbrauen nach oben und lassen wieder locker. Runzeln Sie die Stirn und entspannen sie wieder. Jetzt reißen Sie beide Augen auf und schließen Sie sie sofort wieder. Kneifen Sie nun die Augen zusammen, als würden Sie geblendet, und lassen sie wieder los. Halten Sie die Augen locker geschlossen.

14 Entspannen Sie sich immer tiefer. Atmen Sie ruhig, flach und gleichmäßig. Beobachten Sie die Ruhe, das Verschwinden jeglicher Spannung. Wenn Sie aufhören möchten, zählen Sie innerlich rückwärts von vier bis eins, dehnen und sich und öffnen die Augen. Richten Sie sich dann seitlich langsam zum Sitzen auf.

Häufige Schwierigkeiten bei den ersten Entspannungsübungen

1 Manchmal stören hartnäckige Gedanken die Konzentration auf die Übung. Sagen Sie sich: „Jetzt mache ich meine Entspannungsübung, für den Zeitraum der Übung ist alles andere ganz gleichgültig. Geräusche sind gleichgültig. Gedanken sind gleichgültig..."

2 Eine Übung gelingt nicht auf Anhieb: Anfangs fällt es manchmal schwer, die gewünschte Entspannung zu erreichen. Nur Mut, schließlich lernen Sie ja gerade.

3 Es kann passieren, dass Sie sich im entspannten Zustand nicht besonders wohl fühlen – die Entspannung ist schließlich etwas Neues für Sie. Vielleicht kommen auch Katastrophengedanken auf, die sonst noch keine Chance hatte. Denken Sie darüber später nach. Während der Übung behelfen Sie sich mit der Formel: „Gedanken hebe ich für später auf – jetzt sind die Gedanken ganz gleichgültig".

Unter Umständen nehmen Sie in der Entspannungssituation bestimmte Körpersignale besser wahr als sonst oder es kommt zu bestimmten Körperempfindungen. So können Sie Ihren Herzschlag besser spüren oder sind sexuell erregt. Das ist völlig in Ordnung.

4 Manchmal kommt es zu Krämpfen in den Unterschenkeln oder in den Fußmuskeln. Spannen Sie das nächste Mal weniger stark an. Falls ein Krampf auftritt, versuchen Sie, die betroffenen Muskeln zu lockern, ohne die ganze Entspannungsübung zu unterbrechen.

Autogenes Training

Das Autogene Training wurde in den 20er Jahren des letzten Jahrhunderts von Johannes Heinrich Schultz, einem Berliner Nervenarzt, als eine Technik der konzentrativen Selbstentspannung entwickelt. Schultz erkannte, dass sich durch Vorstellungskraft das Gefühl der Entspannung auch selbst (autogen) herbeiführen lässt. Mit Hilfe von Formeln und Sätzen kann man die Aufmerksamkeit auf verschiedene Körperbereiche und Körperempfindungen lenken. Die Übungen finden je nach Geschmack in einer entspannten Sitzhaltung, leicht nach vorne gebeugt mit den Unterarmen auf den Oberschenkeln und gesenktem Kopf (Kutschersitz) oder im Liegen statt. Im Gegensatz zur PMR finden bei den Übungen keine körperlichen Aktivitäten statt.

Klinische Anwendung findet Autogenes Training (AT) bei Schlafstörungen, Ängsten, innerer Unruhe, psychischen Belastungen, Magen- und Darmstörungen, Schmerzen, Migräne, Asthma, Muskelverspannungen und Haltungsschäden, Herz-Kreislauf-Beschwerden, Hypertonie und Magenbeschwerden. AT wirkt außerdem ausgleichend auf das vegetative Nervensystem, das den Herzschlag, die Hormonausschüttung oder die Verdauung steuert. Ungesunde Anspannung wird reduziert, Leistungsfähigkeit und Gelassenheit kehren zurück.

Um AT zu erlernen muss man einige Wochen einplanen. Wer sich gut konzentrieren und leicht abschalten kann, hat es entsprechend leichter. Ab einem bestimmten Punkt lässt sich AT dann ganz mühelos zur Verstärkung von Zielen oder neuen Programmen einsetzen, sei es um das Rauchen aufzuhören oder Potenzstörungen aufzulösen. In der ersten Stufe des Trainings werden Körperfunktionen wie Atem- und Herzfrequenz sowie die Durchblutung von Hände, Füßen und Stirn durch Eigensuggestion, so genannte Formeln, beeinflusst. Bis Sie die Formeln beherrschen und sich die Wirkung einstellt, vergeht einige

Zeit. Sobald Sie darüber jedoch hinweg sind, haben Sie es geschafft. Es reicht dann völlig nur noch die Formel "Ich bin vollkommen ruhig und entspannt" zu denken und der Effekt stellt sich ein.

So wird es gemacht

Setzen Sie sich auf einen bequemen Stuhl oder legen Sie sich auf eine bequeme Unterlage. Im ersten Fall achten Sie auf eine aufrechte Körperhaltung. Legen Sie die Hände entspannt auf die Oberschenkel und schließen Sie die Augen. Dann sagen Sie sich gedanklich die folgenden Sätze vor:

- „Ich bin vollkommen ruhig und entspannt."
- „Mein rechter (linker) Arm ist ganz schwer." (je Arm sechsmal)
- „Ich bin vollkommen ruhig und entspannt." (einmal)
- „Mein linker (rechter) Arm ist ganz warm." (einmal)
- „Ich bin vollkommen ruhig und entspannt." (einmal)
- „Mein Atem fließt ruhig und gleichmäßig." (sechsmal)
- „Ich bin vollkommen ruhig und entspannt." (einmal)
- „Mein Puls schlägt ruhig und kräftigt." (sechsmal)
- „Ich bin vollkommen ruhig und entspannt." (einmal)
- „Mein Sonnengeflecht ist strömend warm." (sechsmal)
- „Ich bin vollkommen ruhig und entspannt." (einmal)
- „Meine Stirn ist angenehm kühl." (sechsmal)

An diese Formeln hängt man das Zurückholen. Dazu beugen und strecken Sie Ihre Arme, atmen tief ein und öffnen die Augen. Sollten Sie das vergessen, kann es passieren, dass Sie den ganzen Tag müde sind. Wenn Sie vor dem Einschlafen üben, können Sie das Zurückholen natürlich weglassen. Jetzt wirkt das Autogene Training tief in Ihr Unterbewusstes und sorgt für einen erholsamen Schlaf.

Die Übungen sollten täglich, am besten mehrfach wiederholt werden. Jeweils 5 Minuten reichen aus.

Meditation

Mit Tiefenmeditation können Sie in Zustände tiefer Entspannung gelangen und vor allem Ihren Kopf freimachen. Die Voraussetzungen sind dieselben wie bei den anderen Entspannungstechniken, vor allem Ruhe und Ungestörtheit. Wer gerne meditiert kann damit idealerweise seinen Tag beginnen. So hat man den Kopf frei und kann sich den Anforderungen des Tages in aller Ruhe stellen. Wer das Meditieren lernen will, sollte sich zu Beginn professionell begleiten lassen. Ist man später in der Lage, sich selbst zu sammeln und gut wahrzunehmen, kann man jederzeit und überall alleine meditieren. Zum Ausprobieren können Sie des einmal mit den untenstehenden Übungen zur so genannten gerichteten Meditation versuchen.

- Stellen Sie sich einen Wecker auf 10 Minuten.
- Setzen Sie sich im Schneidersitz auf eine Unterlage und schließen Sie die Augen.
- Atmen Sie gleichmäßig ein und aus.
- Öffnen Sie die Augen und konzentrieren Sie sich jetzt auf einen x-beliebigen Gegenstand. Das kann eine Blumenvase sein, eine Buddhakopf oder ein Bild. Das kann Ihnen dabei helfen, in einen Trance-Zustand zu geraten. Richten Sie Ihre ganze Aufmerksamkeit auf den Gegenstand, so dass in Ihrem Kopf kein Raum mehr ist für störende andere Gedanken.
- Sitzen Sie und konzentrieren sich weiter auf den Gegenstand. Atmen Sie während der ganzen Zeit tief und gleichmäßig.
- Wenn der Wecker klingelt, strecken und dehnen Sie sich und lassen die Entspannung noch etwas nachwirken.

Eine andere Meditationsart aus dem tibetischen Buddhismus verwendet ein Mantra: „Om Mani Padme Hum." Diesen Satz wiederholt man 100-mal und spricht ihn dabei immer wieder langsam und rhythmisch vor sich hin. Bald tritt der Effekt ein, dass man überhaupt nicht mehr hört, was man sagt. Man ist in Trance. Auch hier gilt zum Aufhören: Dehnen und Strecken und sich bewusst wieder in den Tag begeben. Ansonsten kann es auch bei der Meditation passieren, dass Sie sich anschließend schläfrig fühlen.

Einfach Atmen

Das soll eine Entspannungstechnik sein? Aber sicher, und zwar eine der ältesten der Welt. Die fernöstlichen Kulturen haben uns einiges voraus in Sachen Bewusstseinserweiterung durch Entspannung und Meditation. Doch auch hierzulande ist bekannt, dass uns Atmen am Leben erhält. Der Atem kann aber noch mehr. Einerseits lässt sich an so genannten Atemmustern ablesen, wie gestresst man ist. Dann atmet man zu flach und nicht gleichmäßig, was die Ursache für eine schlechtere Versorgung des Blutes mit Sauerstoff ist. Das führt wiederum dazu, dass wir uns müde und antriebslos fühlen, aber auch nervös und unruhig werden. Andererseits lässt sich das Atemmuster durch gezielte Atemübungen positiv beeinflussen.

Pranayama

Das indische Wort „Prana" steht für Lebensenergie und Atmen. Atem und Leben bedeuten somit das Gleiche. Pranayama ist Bestandteil des Yoga. Es fördert die innere Ruhe, entspannt und ist deshalb auch gut für die Einstimmung zu einer Meditation geeignet. Die Übung lässt sich ohne weiteres als kleine Energiespritze zwischendurch im Büro durchführen, wenn man einen toten Punkt überwinden oder sich schnell wieder fit fühlen will.

- Setzen Sie sich bequem und aufrecht in einen Stuhl und atmen Sie mehrmals gleichmäßig ein und aus. Achten Sie darauf, dass Sie gut ausatmen und lassen Sie den Einatmer von selber kommen. Legen Sie Ihre linke Hand vor den Bauch.
- Jetzt verschließen Sie mit dem rechten Daumen das rechte Nasenloch und atmen durch das linke Nasenloch ein. Wenn Sie eingeatmet haben, verschließen Sie das linke mit Ihrem Ringfinger und atmen langsam aus.
- Atmen Sie wieder durch das rechte Nasenloch ein. Wenn Sie eingeatmet haben, verschließen Sie mit dem Daumen das rechte Nasenloch, öffnen das linke und atmen dadurch aus.
- Diesen Zyklus, links einatmen, rechts ausatmen und rechts einatmen, links ausatmen, wiederholen Sie insgesamt viermal.

Andere Entspannungstechniken im Überblick
Fernöstliche Bewegungsarten werden gerne als sanfte Sportarten beschrieben. Yoga, Meditation, Qi Gong oder Tai Chi gehören in ihren Herkunftsländern zur täglichen Routine. Sie sind mühelos auszuführen, auch wenn man sich an die geschmeidigen Bewegungsabläufe erst gewöhnen muss und jedem Menschen zuträglich. Die Übungen beruhen weniger auf dem Wissen, wie der menschliche Körper funktioniert als auf uralten Geisteslehren über das Leben und die Lebensenergie. Diese Energie wird mit Hilfe der Übungen im Fluss gehalten. Blockaden, körperliche wie seelische, werden durch die Bewegungen aufgelöst. Alle Techniken sollte man in Kursen bei erfahrenen Lehrern lernen. Später lassen sich mühelos in den Alltag integrieren.

- Qi Gong oder die „Arbeit an der Lebensenergie" gibt es seit 3000 Jahren. Sie ist ein fester Bestandteil buddhistisch-taoistischer Bewegungsübungen und wirkt wie eine Art meditative Gymnastik. Der Körper wird nicht mit dem Verstand gesteuert, das Qi gibt die Bewegungen vor.
- Yoga: Grundlage des Klassikers der fernöstlichen Entspannungstechniken sind langsame Dehn-, Dreh- und Beugebewegungen, die auf die vollkommene Körperbeherrschung abzielen. Die tiefe Konzentration, mit der die Bewegungen durchgeführt werden und das tiefe Atmen führen in ein Stadium der absoluten Gelassenheit.
- T'ai Chi Chuan: Das Schattenboxen beruht auf einer waffenlosen Kampfkunst aus dem China des 14. Jahrhunderts. Wer regelmäßig Tai Chi übt, erreicht den geistigen Frieden eines Weisen, die Robustheit eines Holzfällers und die Gelenkigkeit eines Kleinkindes. Sportmediziner empfehlen deshalb die aus 24 Übungen bestehende Heilgymnastik mittlerweile genauso gerne wie Psychologen.

Beziehung, Familie und Freunde

Über viele Jahre glücklich mit dem geliebten Menschen zusammen zu sein ist ein schöner, tröstlicher Gedanke. Dauersingles wissen davon ein Lied zu singen. Die meisten Menschen sind nun einmal nicht für das Alleinsein gemacht. Wer länger alleine ist leidet ebenso unter Stress wie ein Paar, das kurz vor der Trennung steht. Eine funktionierende Beziehung ist Stütze und Ruhepol. Hier haben Sie eine loyale Partnerin, mit der Sie alles besprechen können, die Ihnen auch in schweren Zeiten zur Seite steht, jemanden, mit dem Sie gemeinsame Erinnerungen haben, mit dem Sie lachen und Spaß haben können, der Ihren Körper mag und Sie begehrt und mit der Sie in die Zukunft blicken können. Wenn Sie eine Familie gegründet haben, ist das Band noch enger und inniger geworden. Mit Kindern hat man ein Nest gebaut, hat eine neue Rolle, die des Vaters, erworben, hat das Durcheinander überlebt, das mit jedem Neuankömmling entstand, ist ein Stück reifer geworden und kommt heute – wenn man seine Sache gut macht – in den Genuss ihrer bedingungslosen Liebe. Und Sie sind das Rollenvorbild für den – aus Kindersicht – idealen Mann. Die Jungen lernen an Ihnen, wie man ein guter Typ wird, die Mädchen, wie sie später als Frau geliebt und geschätzt werden wollen. Ergänzt wird das soziale Netz aus Liebe, Zuneigung und Vertrauen durch Freunde. Das sind die

Jungs, die man entweder von früher kennt und mit denen man sich noch heute trifft und austauscht. Oder Männer, die man in der Nachbarschaft oder über den Beruf kennengelernt hat und die man als bereichernd empfindet.

Zwei Regeln für das Beziehungsleben

Alles schön und gut. Doch was ist, wenn Frau, Kinder und Freunde schon längst Opfer Ihres Berufes und Ihrer Zeitnot geworden sind? Wenn Sie vergessen haben, ihnen die Anerkennung zu zollen, die sie wert sind, weil Sie sich dafür nicht auch noch freimachen können, da Sie ja auch für die Familie soviel arbeiten? Wenn Ihre Paardynamik krankhafte Züge angenommen hat, weil Sie das Wechselspiel von Nähe und Distanz nicht mehr beherrschen und weil Sie sich nicht beide gleichermaßen entfalten können. Im Beziehungs- und Familienleben sowie im Freundeskreis gibt es zwei Regeln „Von Nichts kommt nichts" und „in Kontakt bleiben". Es geht sehr schnell, sich aus den Augen zu verlieren, auch wenn man de facto noch zusammenlebt. Soziale Geflechte verlangen nach Anerkennung und Aufmerksamkeit und sind ein ständiges Geben und Nehmen. Dabei sollten beide Partner autonom handeln können und gleichzeitig füreinander da sein. Eine Beziehung muss von beiden Seiten genährt werden. Nur so können sie uns mit den lebenswichtigen Seelenqualitäten Vertrauen, Loyalität und Geborgenheit versorgen. Liebe funktioniert nicht von allein – jedenfalls nicht dauerhaft. Arbeit und Engagement gehören auch dazu. Eine langfristige Beziehung, Kinder und gute Freunde fordern von allen Beteiligten Verbindlichkeit. Im Englischen gibt es dafür Begriff „commitment". Damit ist jene Einsatzbereitschaft für etwas gemeint, von dem man wirklich überzeugt ist und für das man bereit ist, viel zu tun, – und vor allem Zeit zu schenken.

An der Beziehung arbeiten

Die Basis für eine funktionierende Partnerschaft ist Respekt. Wir sind oft eher bereit, Fremde mit ihren Schwächen zu tolerieren, als den Menschen, mit dem wir unser Leben teilen. Respekt voreinander lässt uns behutsamer und achtsamer sein und uns nicht einfach über den anderen verfügen. Wer sich gegenseitig achtet, geht gut mit sich um und schafft so eine gute Basis für das Zusammensein. Natürlich birgt der (Partnerschafts-) Alltag seine Gefahren: Wir werden zu Gewohnheitstieren und was zu Beginn vielleicht reizvoll erschien, kann heute nerven. Die Gefahr, sich gegenseitig als zu selbstverständlich zu nehmen ist groß. Vor allem, wenn beide Partner viel um die Ohren haben. Planen Sie deshalb feste Zeiten für sich und Ihre Partnerin ein, in denen Sie miteinander reden oder etwas miteinander unternehmen. Ideal ist ein Quartalscheck. Eine harmonische Beziehung kommt nicht von ungefähr, Sie müssen sich dafür ebenso ins Zeug legen wie in Ihrem Job. Überlegen Sie in regelmäßigen Abständen gemeinsam, was gut und was nicht so gut in der Beziehung läuft. Setzen Sie sich einmal im Vierteljahr zusammen und reden nur über Ihre Beziehung. Erzählen Sie sich, was Sie genießen, worüber Sie glücklich sind und worüber Sie sich ärgern oder was Sie frustriert. Gehen Sie dabei immer lösungsorientiert vor.

Es ist eine Kunst, die Balance zwischen Freiraum und Nähe in der Beziehung zu halten. Beide Partner müssen dabei darauf achten, sich als Paar nicht zu vernachlässigen und sich gleichzeitig den nötigen Freiraum zu schaffen für die eigene Weiterentwicklung. Dieser Raum ist nötig, um immer wieder aufeinander zugehen zu können.

Die Begeisterung erhalten

In jeder Beziehung gibt es das Moment der Begeisterung. Erinnern Sie sich daran, wie begeistert Sie beide voneinander waren, als Sie sich ineinander verliebten. Die Schmetterling im Bauch fliegen mit der Zeit davon, aber Sie haben es in der Hand, das Gefühl jederzeit wieder beleben. Melden Sie sich untertags zuhause und erkundigen Sie sich, wie alles so läuft. Besorgen Sie kleine Aufmerksamkeiten, wenn Sie gerade einen Termin in der Stadt haben. So fühlt sich Ihre Partnerin wertgeschätzt und verschmerzt es leichter, wenn Sie häufiger abwesend sind. Schaffen Sie sich Partnerrituale, – das ist besonders wichtig, wenn Sie Kinder haben. Verabreden Sie einmal pro Woche einen gemeinsamen Abend, bei Sie gemeinsam kochen oder Sushi bestellen, gemeinsame Erinnerungen oder neue Pläne sprechen. Begeistern Sie sich für das, was Sie zusammen erleben, was Sie gemeinsam erreicht haben und für das, was Sie zusammen vorhaben. Lachen Sie gemeinsam und freuen Sie sich aneinander.

Sie können bei einem solchen Anlass auch ganz bewusst ein Verführungsszenario initiieren. Vielleicht nehmen Sie zusammen ein Bad bei Kerzenschein und mit entspannenden ätherischen Zusätzen oder Sie massieren sich gegenseitig mit aphrodisierenden Ölen. Wenn Sie Lust auf Sex bekommen, ist das wunderbar. Machen Sie nur keinen Druck. Leidenschaft kann nur entstehen, wenn Sie beide locker bleiben und jeder frei ist, sich für den anderen zu entscheiden. Besonders, wenn man viele Jahre zusammen ist, ist es normal, dass die Lust aufeinander phasenweise geringer wird. Das ist in Ordnung. Probleme beim Sex sind immer ein gemeinsames und dürfen nicht nur auf den einen geschoben werden. Wenn Sie das Gefühl haben, Ihr Problem belastet die Beziehung massiv, sollten Sie es offen ansprechen. Vermeiden Sie direkte Beschuldigungen, versuchen Sie lieber die Probleme Ihrer Partnerin zu erfahren. Wenn eine Frau das Gefühl hat, Sie sind nur für einen Abend der Charmeur, um mit Ihr in die Kiste zu steigen, den Rest der Woche lassen Sie sie dagegen mit allen Aufgaben in der Familie oder dem Alltag allein, dann wundern Sie sich nicht über die kalte Schulter, die Sie Ihnen zeigt. Respekt ist auch die Grundlage für guten und befriedigenden Sex für beide Partner.

Liebe, Sex und Beziehungsdisziplin

Soziologen haben herausgefunden, dass Paare nach zehn Jahren Beziehungszeit im Durchschnitt höchstens acht Minuten lang täglich kommunizieren. Ein Wunder, dass sie dann noch zusammen sind, möchten man meinen. Denn Kommunikation ist alles, ist die Grundlage jeder funktionierenden Partnerschaft. Nicht der Sex, wie Männer gerne glauben. Sex und erotische Anziehung unter den Partnern ist die Folge guter Kommunikation zwischen den Partnern. Wer aufhört miteinander zu sprechen, hat irgendwann nichts mehr miteinander zu schaffen. Viele Männer werden sich dessen oft erst bewusst, wenn die Partnerin entnervt den Löffel schmeißt und die Koffer packt.

Wenn Probleme jahrelang unausgesprochen bleiben und wir dem Partner nicht mitteilen womit wir unzufrieden sind oder was uns beschäftigt, wenn wir nicht mehr über unsere Wünsche reden, so leben wir uns mit dem Menschen, den wir einmal liebten, langsam aber sicher auseinander. Am Ende steht das große Schweigen. Lebenspartner, die viel miteinander reden, können Ihre Liebe zu einander am Leben erhalten und vertiefen. Was die Häufigkeit des miteinander Redens angeht, tun sich Männer erziehungsbedingt oft etwas schwerer als Frauen. Wer gelernt hat, nicht viele Worte zu machen und schon gar nicht wie ein Warmduscher über seine Gefühle zu sprechen, macht es sich schwer, eine funktionierende Kommunikation mit der Partnerin zu pflegen. Aber das lässt sich ändern.

Darüber reden

- Vereinbaren Sie feste Redezeiten. Wer sich seiner vielen Rollen in diesem Leben als Berufstätiger, Ehemann/Partner, Vater, Freund und Sohn bewusst ist, weiß, dass auch private Termine, Hobbys und der Ausgleich zur Arbeit genauso geplant werden müssen wie geschäftliche Angelegenheiten. Gewöhnen Sie sich an, Privates in Ihren Terminkalender einzutragen und diese Termine genauso wichtig- und wahrzunehmen wie die geschäftlichen!
- Ihr Redetermin muss nicht bei Ihnen zu Hause stattfinden. Oft ist man außerhalb freier, zum Beispiel in einem Restaurant oder auf einem gemeinsamen Spaziergang. Nehmen Sie sich mehrmals in der Woche mindestens eine Viertel Stunde Zeit nur zum Reden und vereinbaren Sie am Wochenende einen ausführlicheren Rede-termin.
- Ihre Redetermine sind kostbare Zeit, die Sie einander schenken. Nutzen Sie sie konstruktiv und positiv, damit Sie weiterhin Lust auf Zeit für- und aufeinander haben. Als anfängliche Hilfestellung kann eine Struktur ganz nützlich sein. Verabreden Sie mit Ihrer Partnerin, ob das für sie in Ordnung ist. Teilen Sie zunächst die zur Verfügung stehende Zeit untereinander auf. Jeder kann seine Zeit dann so nutzen, wie er oder sie es möchte. Sie sollten in dieser Zeit alles sagen, was Ihnen wichtig erscheint. Das können alltägliche Angelegenheiten sein. Sie können Sachen ansprechen, die Sie stören oder die Ihnen Sorgen bereiten. Sie können Ihrer Partnerin aber auch sagen, dass Sie sie lieben und wofür.
- Gehen Sie zu Beginn kurz in sich. Überlegen Sie beide vorher, worüber Sie reden wollen. Wenn einiges angelaufen ist, notieren Sie Ihre Themen am besten auf, damit Sie nicht vergessen, was Sie sagen wollten. Vor allem, wenn das Gespräch emotional verläuft, helfen die Notizen, den Faden nicht zu verlieren.
- Es redet nur derjenige, der an der Reihe ist. Der andere darf in die-ser Zeit nur zuhören und sollte das Gesagte möglichst auch nicht durch Mimik, Seufzen oder Stöhnen kommentieren. Der Zuhörer sollte offen und aufmerksam das hören, was der Partner sagt, ohne es zu bewerten.

- Jeder sollte mit etwas Positivem beginnen. Loben Sie Ihren Partner, sagen Sie ihm, dass es schön ist, dass er da ist oder dass er sich Zeit für Sie nimmt. So kann sich Ihr Gegenüber entspannen und ist bereit, sich auf das, was Sie sagen, einzulassen. Dies ist besonders wichtig, wenn Sie kritische Punkte ansprechen wollen.

- Sprechen Sie in der Ich- nicht in der Du-Form. Dies ist besonders wichtig bei Kritik oder Konfliktpunkten. Anstelle von: „Du verstehst mich nicht." sagen Sie: „Ich möchte dir mal erklären, wie es mir damit geht." Achten Sie darauf, dass Sie alles aus Ihrer ganz persönlichen Sicht heraus formulieren und deutlich als Ihre Meinung deklarieren. So vermeiden Sie es den anderen anzugreifen, zu verletzen und zu entwerten.

- Sprechen Sie über sich und reagieren Sie nicht nur auf das, was der andere sagt. Nutzen Sie die Zeit für Ihre eigenen Themen. Es geht zunächst weniger darum, sich wirklich zu unterhalten. Diese Redezeit dient in erster Linie dazu, dass jeder von Ihnen einmal die Möglichkeit hat, alles zu sagen, was ihm oder ihr wirklich wichtig ist.

- Wechseln Sie bei jeder neuen Redezeit ab, wer beginnt. So kann jeder einmal unbelastet in das Gespräch einsteigen.

- Vermeiden Sie es unbedingt, nach der Redezeit über das Gesagte zu streiten. Lassen Sie alles, was gesagt wurde erst einmal wirken und kommen später in einer ruhigen Minute noch einmal darauf zurück. Sie müssen erst einmal den Raum dafür schaffen, um loszuwerden, was Sie bewegt. Es ist wichtig, dass Sie mit dieser Redezeit etwas Positives verbinden und keinen Horror vor dem Danach haben müssen. Wenn Konflikte auftauchen, können Sie sie notieren und in Ruhe noch einmal besprechen.

Konflikte und Streit bleiben in keiner Beziehung ganz aus. Es ist sogar wichtig, manche Konflikte offen auszutragen. Nur um Fairness sollten Sie sich immer bemühen. Wer sich gut kennt, kann den anderen durch sein intimes Wissen über den anderen gezielt verletzen. Dafür sollten Sie sich sofort entschuldigen oder alles dafür tun, die Verletzung wieder auszugleichen. Manchmal kommt man als Paar einfach nicht mehr weiter. Zu tief scheinen die Wunden, zu verfahren die Situation, zu groß das Problem. Bevor Sie wirklich aufgeben, sollten Sie versuchen, gemeinsam bei einer Partnerschaftsberatung Hilfe zu finden. Vor allem wenn Sie gemeinsame Kinder haben, sollten Sie reflektieren, wie sehr eine Trennung auf Kosten der Kinder geht.

... Vater sein dagegen sehr

Wer selber als Kind mit ständig abwesenden Vater groß geworden ist, kennt es nicht anders und mutet den eigenen Kindern in der Regel dasselbe zu. Das problematische an solchen Verhaltensweisen ist, dass wir als Kinder unter manchen Zügen unserer Väter gelitten haben, sie jedoch selber fast automatisch annehmen, sobald wir selber Väter werden. Ohne zu sehr in die Entwicklungspsychologie abzudriften, sollten Sie Ihre Rolle als Vater einmal genauer reflektieren. Sie haben ein Kind gezeugt und damit eine einmalige Chance bekommen, ein wirklich guter Vater zu sein, der diesem Kind ein Vorbild ist, der ihm Regeln vorgibt, der ihm zeigt, wie man in dieser Welt gut zurechtkommt, wie man mit anderen Menschen umgeht und wie man echten Erfolg haben kann.

Kinder stellen eine ebensolche Verbindlichkeit wie eine Partnerschaft dar, mit allen Vor- und Nachteilen. Was sie allerdings in einer Partnerschaft nie so erleben werden, ist die bedingungslose Liebe und das Vertrauen, das Ihnen von klein an entgegen gebracht wird. Und bis zu einem gewissen Alter werden Sie von Ihrem Kind nicht einmal ansatzweise in Frage gestellt. Was Sie tun ist in den Augen des Kindes richtig und wird als vorbildlich erlebt. Wie Sie mit diesem Vertrauen umgehen, liegt allein an Ihnen – Sie können es hegen und pflegen oder es zerstören. Und hier sind wir wieder beim Thema Zeit. Nehmen Sie sich jede Woche Zeit für Ihren Nachwuchs und unternehmen Sie etwas gemeinsam. Sie können dabei gemeinsam Reifen wechseln und sich über alles Wichtige unterhalten, aber auch in den Zoo oder mit Ihrer Tochter auf den Ponyhof gehen. Das Wichtigste für die Kinder ist dabei nicht der Event, den Sie planen, sondern einfach nur, dass Sie ausschließlich für sie da sind. „Quality time" ist das, was für Kinder zählt. Es nützt nichts, wenn Sie mit dem Kind ins Schwimmbad gehen und dann dauernd mit Freunden oder Geschäftspartnern via Handy telefonieren.

Je nachdem, wie Sie Ihren Zeitplan halten muss auch regelmäßig Zeit für gemeinsame Familienaktivitäten sein, eine Wanderung in den Bergen, ein Ausflug ans Meer oder eine Bootsfahrt auf dem Fluss mit Picknick und anschließender Zeltübernachtung. Oder Sie bleiben zuhause, widmen sich aber ausschließlich Ihrer Familie und grillen im Sommer abends oder machen im Winter ein abendliches Feuer draußen. Damit machen Sie Ihre Kinder glücklich, sorgen für unvergessliche Erlebnisse und tanken selbst in dieser Nähe unversehens Ihre Energien wieder auf.

Ebenso wichtig zur Krisenintervention und Deeskalation beginnender familiärer Konflikte sind regelmäßige Familienkonferenzen. Es empfiehlt sich, mit etwas größeren Kindern wöchentlich oder vierzehntägig zum Beispiel nach dem Sonntagsfrühstück eine Redezeit zu vereinbaren, wobei jeder gleichviel Zeit bekommt, um sich auszusprechen, zu sagen, was ihn stört, was ihm in der Familie gefällt und was er sich wünscht. Der Termin ist für alle verbindlich.

Ein Freund, ein guter Freund

Stressforscher wissen, dass die Abkoppelung vieler Männer vom gesellschaftlich-emotionalen Bereich eine Hauptursache für die Unfähigkeit zur Entspannung ist. Die persönliche Bedürfnisbefriedigung geht über alles. Auch in der knappen Freizeit dreht sich dann alles um das eigene Ego, denn man hat ja das Gefühl, endlich mal etwas für sich tun zu müssen, wenn man schon soviel ackert. Wer so denkt, riskiert auf kurz oder lang massive Beziehungsprobleme und soziale Vereinsamung. Er kann nie wirklich zufrieden und glücklich sein und ist ständig getrieben auf der Suche nach mehr befriedigenden Erlebnissen. Wer dagegen in der Lage ist, sich für etwas Nützliches, Kreatives und Sinnvolles einzusetzen und hierfür Anerkennung erfährt, erlebt echte Befriedigung. Für das Privatleben bedeutet das: Wer sich anderen Menschen emotional ganz öffnet und ihnen seine ganze Aufmerksamkeit widmet, kann tiefgehende Glückserfahrungen sammeln.

Männer haben in aller Regel andere Freundschaften als sie Frauen pflegen und knüpfen auch weniger schnell neue Verbindungen. Undenkbar, dass sich Männer intensiv über ihr Innen- und Liebesleben ausbreiten. Die Angst davor, durch die Preisgabe von Intimitäten die eigene Position zu schwächen und einen Wettbewerbsnachteil zu erleiden, lässt kaum Vertrauen entstehen. Männerfreundschaften sind leider selten. Tiefe Freundschaften entstehen meist in der Jugend, während der Ausbildung oder im Studium, gelegentlich auch im Beruf, wenn man nicht konkurriert. Leider ergibt sich aufgrund der beruflichen Entwicklung oft eine räumliche Trennung solcher Männerfreundschaften. Und oft genug hat dies zur Folge, dass sie sich allmählich auflösen.

Es lohnt sich, diese Freundschaften wieder zu aktivieren. Denn wer Freunde hat, mit denen er sich regelmäßig austauschen und Spaß haben kann, bereichert sein Leben und tut gleichzeitig etwas für seine Entspannung. Wenn Sie sich ausreichend Zeit für Ihre Partnerin und Ihre Kinder nehmen, dann ist es auch kein Problem, hin und wieder ein Männerwochenende einzulegen und Freunde zu besuchen, die mittlerweile in anderen Städten leben. Bei richtigen Freunden spielt es nämlich keine Rolle, wenn man sich mal eine Weile nicht gesehen hat. Da ist das Wiedersehen so, als wenn man erst gestern zusammen in der Kneipe hängengeblieben ist, – oder um Schiller zu bemühen:

„Wem der große Wurf gelungen,
Eines Freundes Freund zu sein,
Wer ein holdes Weib errungen,
Mische seinen Jubel ein!
Ja – wer auch nur eine Seele
Sein nennt auf dem Erdenrund!
Und Wer's nie gekonnt, der stehle
Weinend sich aus diesem Bund."

Wie Sie Ihre Autonomie erhalten

Herr über seine Lebensziele, seine Zeit und seine Entscheidungen zu sein bedeutet autonom zu sein. Doch wie viele berufliche „Erfolgsmenschen" geben im Lauf der Zeit ohne es zu merken diese Autonomie ab. Der Einpeitscher Zeitnot mit den Kollegen Versagensangst und Machtstreben übernehmen das Regiment. Dafür macht man das doch alles. Doch ist das tatsächlich den Verlust an innerer Freiheit wert? Überprüfen Sie sich einmal: Agieren Sie mehr als Sie reagieren? Haben Sie sich aktiv Ziele in allen für Sie wichtigen Lebensbereichen gesetzt und diese erreicht? Passen Sie immer wieder aktiv Ihre Lebensumstände an, um glücklicher und zufriedener zu sein. Aktive Lebensgestaltung bedeutet, sein Leben kompetent zu leben, im Hinblick auf alle Bereiche. Es bedeutet auch, sich mit seinen Denkweisen, Eigenschaften und Verhaltensweisen zu kennen und wo nötig zu verändern. Und es bedeutet, all das loslassen und verabschieden zu können, was uns stresst und frustriert. Wenn wir passiv sind und andere über unsere Zeit entscheiden lassen, unsere eigenen Interessen zurücknehmen und uns selbst in ein Zeitkorsett schnüren, führen wir ein fremdbestimmtes Leben. Denn Selbstbestimmung fordert Aktivität. Um das zu bekommen, was wir uns wünschen, müssen wir etwas tun. Wir müssen für uns und unsere Bedürfnisse einstehen und für uns sorgen. Das kann zu Konflikten führen oder im schlimmsten Fall sogar zum beruflichen Aus. Wenn der Verlust an innerer Freiheit der Preis ist, den wir für berufliche Anerkennung zahlen müssen, dann ist dieser auf Dauer zu hoch.

Aus der Wirtschaft kennen Sie wahrscheinlich den Begriff der Opportunitätskosten, d.h. um ein bestimmtes Ziel zu erreichen bieten sich verschiedene Möglichkeiten an, etwa Eigenherstellung oder Fremdeinkauf eines bestimmten Produktes. Im übertragenen Sinn gilt das auch für Ihr Leben: Wenn Sie ein bestimmtes Ziel erreichen wollen, bieten sich verschiedene Wege an. Sie müssen nicht den Weg des geringsten Widerstandes gehen, aber zumindest einen Weg, bei dem Sie nicht am Ende den Chefsessel mit einem kaputten Körper und einer gescheiterten Ehe bezahlen.

Entscheidungsfreiheit: Grundlage der Selbstbestimmung

Entscheidungen bestimmen unser Leben. Das beginnt schon morgens, nach dem Aufstehen, wenn Sie überlegen, was Sie anziehen, frühstücken oder um wie viel Uhr Sie das Haus verlassen. Und das geht den ganzen Tag so weiter. Viele Entscheidungen nehmen wir dabei gar nicht mehr als solche wahr, sondern handeln einfach. Es scheint so, als seien sie vorgegeben: So sehen Sie möglicherweise darin, dass Sie morgens zur Arbeit fahren, gar keine persönliche Entscheidung, sondern eine Pflicht. Tatsächlich aber entscheiden Sie sich selbst jedes Mal erneut dafür. Denn Sie könnten ja durchaus auch zu Hause bleiben – niemand kann Sie zwingen. Tatsächlich aber sind Entscheidungen, spontane ebenso wie solche mit einem höheren Energieaufwand, die Basis eines selbstbestimmten Lebens.

Sich für oder gegen etwas zu entscheiden, stellt fast immer eine Wahl dar. Dabei haben Sie die Möglichkeit zur Aus- oder Abwahl. Das macht die Sache schwierig: Wenn Sie sich zum Beispiel für einen ruhigen Abend zu Hause entscheiden, entscheiden Sie sich gegen ein Geschäftsessen mit einem C-Kunden.

Sich richtig entscheiden

Im Grunde wollen wir alles haben und es kostet etwas, sich gegen etwas entscheiden zu müssen. Deshalb meiden viele von uns bewusste Entscheidungen und überlassen anderen das Feld oder versuchen sich so lange es geht, alle Möglichkeiten offen zu halten. Um sich den Entscheidungsprozess leichter zu machen, hilft ein Gedanke: Uns fallen Entscheidungen leichter, die wir als "richtig" empfinden. Was richtig und falsch ist, übernehmen wir aus unserem Wertekanon, aber auch von Vorbildern oder aus Medien. Ob diese gelernten Wertvorstellungen aber auch tatsächlich richtig für uns sind, muss jeder für sich selbst immer wieder überprüfen. Richtig ist grundsätzlich alles, was gut für Sie ist, was Ihnen wohltut und was Sie persönlich weiterbringt.

Nein sagen, – oder raus aus der Unentbehrlichkeitsfalle

Grenzen ziehen hilft die eigene Handlungsbereitschaft zu erhalten. Sicher ist man kompromissbereit, gibt dem einen Lebensbereich über einen gewissen Zeitraum eine höhere Priorität als den anderen. Bei einem Jobwechsel ist es richtig, wenn Sie sich in den ersten Wochen stärker engagieren. Trotzdem sollten Sie von Anfang an klar machen, dass Sie auch noch andere Lebensbereiche oder Interessen haben, für die Sie sich bewusst Zeit einräumen. Schließlich macht Sie das als Person und als Persönlichkeit aus. Sie werden die geforderte Leistung trotzdem oder gerade deswegen bringen, weil Sie auf einen 12-Stunden-Tag verzichten und in kürzerer Zeit effizienter sind, weil Sie über mehr Kraft verfügen, wenn Sie für sich sorgen. Wer Angst vor negativen Konsequenzen hat, kann nicht mehr frei entscheiden und ist nicht mehr unabhängig. Er wird manipulierbar. Analysieren Sie vor jedem „Nein" deshalb sorgfältig die Situation und bleiben Sie ganz bei sich, Ihren Zielsetzungen und Prioritäten. So gewinnen Sie Freiräume! Jedes „Ja", das Sie sich gegen Ihren Willen aufzwingen lassen, kostet Sie einen Preis. Sie verfügen über weniger Zeit und Energie für private Vorhaben oder für die Menschen, für die Sie viel lieber etwas tun würden. Sie geraten unter Stress, weil die zusätzlichen Aufgaben zu denen hinzukommen, die ohnedies in Ihren Aufgabenbereich gehören. Sie sind frustriert, weil Sie dem Druck von außen nachgegeben haben. Bedenken Sie auch, dass die anderen, die etwas von Ihnen wollen, naturgemäß nur wenig Interesse daran haben, dass Sie für sich sorgen. Sie wiederum bleiben nur kreativ und effizient, wenn Sie sich Pausen und Auszeiten vom Beruf gönnen. Befreien Sie sich aus der Unentbehrlichkeitsfalle.

Der Weg ins Freie: Sabbatical

Eine Radikallösung mit enormen Möglichkeiten zur Neuorientierung ist ein Sabbatical. Das ist eine freiwillige, bewusste Auszeit vom Job, die zwischen drei und 12 Monaten dauert. Im Normalfall ist dieser Langzeiturlaub mit einer Arbeitsplatzgarantie verbunden. Wer sein Leben bewusst umkrempeln möchte, seine Prioritäten ändern, regenerieren und sich Zeit für wichtige persönliche Anliegen nehmen will, ist mit einem Sabbatical gut beraten. Sicher, eine Auszeit zu nehmen erfordert den Mut, sich beim Arbeitgeber in die Nesseln zu setzen und damit ein gesundes Selbstbewusstsein. Auch ein Mindestmaß an Planung ist vonnöten. Aufwand und Risiko werden jedoch in jedem Fall durch ein beachtliches Mehr an Lebensqualität, Zufriedenheit und Klarheit bezüglich der eigenen Lebensziele belohnt.

Mit der folgenden Checkliste können Sie gedanklich ein Sabbatical vorbereiten:

- Aus welchem Grund möchten Sie eine Auszeit nehmen? Je klarer Sie sich über Ihre Beweggründe sind, desto besser können Sie vor Ihrem Arbeitgeber argumentieren.
- Beziehen Sie Ihre Partnerin in Ihre Überlegungen mit ein. Wie können Sie das Sabbatical für sich und Ihre Familie nutzen?
- Rechnen Sie durch, wie Sie die Auszeit finanzieren können. Können Sie vorarbeiten oder müssen Sie unbezahlten Urlaub nehmen? Wie viel Geld brauchen Sie im Sabbatical?
- Für das Gespräch mit dem Vorgesetzten: Informieren Sie sich, wie Ihr Arbeitgeber mit Sabbatical-Anfragen umgeht. Stellen Sie die Vorteile für das Unternehmen deutlich heraus. Schlagen Sie einen Plan vor, wie Ihre Arbeit während Ihrer Abwesenheit delegiert werden kann.
- Sprechen Sie mit allen Versicherungsträgern, was mit den Versicherungen während Ihrer Auszeit passiert und welchen zusätzlichen Versicherungsschutz Sie eventuell noch brauchen.
- Überhäufen Sie sich in Ihrer Auszeit nicht mit Aktivitäten. Weniger ist mehr.
- Bereiten Sie Ihre Rückkehr ins Unternehmen vor.

Grundsätzlich kann jeder Arbeitnehmer ein Sabbatical nehmen. Allerdings gibt es in Deutschland, Österreich und der Schweiz keinen gesetzlichen Anspruch auf die Auszeit. In einigen Unternehmen gibt es interne Regelungen für den Langzeiturlaub, bei anderen ist es Verhandlungssache. Für Beamte und Hochschulprofessoren sind die Möglichkeiten für Auszeiten im Arbeits- oder Tarifvertrag geregelt.

Eine "bezahlte Auszeit" können Sie nehmen, wenn Sie auf Ihrem Arbeitszeitkonto über einen längeren Zeitraum hinweg Zeit in Form von Überstunden oder Urlaub angespart haben. Auch die Variante, sich über einen bestimmten Zeitraum für die hundertprozentige Leistung nur 75 Prozent des Gehalts auszahlen zu lassen, ist möglich. Das Zeit- oder Gehaltsguthaben wird dann während der Auszeit ausgezahlt. Für eine „unbezahlte Auszeit" dagegen nehmen Sie im Sabbatical unbezahlten Urlaub.

Selbst- und Zeitmanagementstrategien

Zeitmanagement bedeutet das systematische und disziplinierte Planen Ihrer Zeit. Sein Zweck besteht einzig und allein darin, mehr Zeit für wichtige berufliche Dinge und für sich und Ihr Privatleben zu haben. Durch eine systematische Zeitplanung können Sie täglich viel Zeit gewinnen. Worum es bei Zeitmanagement allerdings nie geht, ist Mehrzeit für Ihren Beruf herauszuschlagen. Es geht nicht darum, dass Sie an das tägliche Zwölfstunden-Pensum noch drei Stunden mehr anhängen können. Die Zeit, die bei geschicktem Zeitmanagement herausspringt, ist ausschließlich als mehr Freiraum für Ihre Erholung gedacht, für Möglichkeiten, Energie zu tanken sowie Hobbies oder andere Vorhaben, die Ihnen wichtig sind.

Das Zeitmanagement hilft Ihnen dabei, Zeit zu gewinnen und es unterstützt Sie dabei, die wirklich wesentlichen Dinge zu erledigen. Dadurch sind Sie erfolgreicher und zufriedener. Zudem haben Sie durch ein systematisches Zeitmanagement weniger Arbeit mit Ihren Aufgaben als vorher, weil Sie durch eindeutige Prioritäten nur die wichtigen Dinge im Blick behalten. So lassen sich bereits im Vorfeld Probleme und mögliche Krisenherde ausräumen.

Wollen Sie wirklich mehr Zeit?

Veränderungen einzuleiten ist nicht einfach. Selbst wenn es um positive Weichenstellungen geht, von denen wir einen großen Nutzen haben. Zeitmanagement erfordert Disziplin und den aufrichtigen Wunsch nach einem erfüllteren Privatleben. Solange dieser nicht besteht, gibt es immer einen Grund länger im Büro zu bleiben. Zuhause erwartet einen vielleicht nur die müden und quengeligen Kinder, die ins Bett gebracht werden müssen und/oder eine abgespannte Partnerin, die jetzt auch noch auf ihre Kosten kommen will. Das ist die eine Seite von mehr Freizeit. Die andere kann durchaus am Anfang einen Zustand der inneren Leere bedeuten. Was soll ich mit meiner freien Zeit jetzt anfangen? Für beide Probleme wird es Lösungen geben. Grundsätzlich gilt nur die Frage: Wollen Sie wirklich mehr Zeit? Wenn Sie diese Frage nicht authentisch mit „Ja!" beantworten, werden Sie sich unbewusst selbst boykottieren, und dann helfen alle Zeitspartechniken nichts.

1. Schritt: Wofür verbrauchen Sie wie viel Zeit?

Wenn Sie den Umgang mit Ihrer Zeit verbessern wollen, sollten Sie zuerst prüfen, wo Ihre Zeit eigentlich bleibt. Unterteilen Sie Ihr Leben dazu in die verschiedenen Bereiche, die für Sie wichtig sind und notieren Sie, wie viel Zeit (Stunden pro Monat) Sie ungefähr für jeden Bereich verwenden. Führen Sie das Zeitprotokoll über eine ganz normale Woche und addieren Sie zum Schluss die Nettozeiten.

Arbeit

- Weg zur Arbeit und zurück
- Pausen
- Arbeitszeit im Büro (im einzelnen: Meeting, Telefonate, Arbeitsprozesse etc.)
- Berufliche Reisen außerhalb der Arbeitszeit
- Fortbildung

Partnerschaft und Familie

- Kinderbetreuung
- Hilfe im Haushalt (Einkäufe, Garten etc.)
- Kulturelle Veranstaltungen
- Urlaub/Ausflüge mit der Familie
- Unternehmungen mit der Partnerin

Zeit für sich selbst

- Essen und Trinken
- Körperpflege
- Schlafen

- Fernsehen
- Lesen
- Hobbies (Motorrad, Boot, Fahrrad ...)
- Sport/Fitness
- Glaube/Religion
- Gesundheit
- Entspannung (PMR, AT, in der Sonne liegen, Sauna etc.)

Freunde und soziales Engagement
- Vereinsarbeit
- Ausgehen mit Freunden
- Sport mit Freunden

Analysieren Sie anschließend Ihr Zeitprotokoll. In welche Aktivitäten investieren Sie die meiste Zeit? Fragen Sie bei jeder dieser Aktivitäten, ob Sie weiterhin bereit sind, so viel Zeit dafür aufzuwenden. Vielleicht möchten Sie auch für einige Aktivitäten ab sofort mehr Zeit haben als bisher? Diese Zeit müssen Sie dann woanders einsparen. Sie können auf diese Weise aus Ihrem Zeitprotokoll erfahren, ob und wie Sie Ihren Tagesablauf gestalten wollen, um mehr das zu tun, was Sie eigentlich wollen.

2. Schritt : Planung spart Zeit

Eine gute Planung ist auf den ersten Blick etwas zeitaufwändig, dafür spart sie beim Erledigen einer Aufgabe oft erheblich mehr an Zeit ein und das Arbeitsergebnis hat eine bessere Qualität. Planen Sie täglich entweder morgens nach dem Frühstück oder abends vor dem Schlafengehen fünf bis 15 Minuten reine Planungszeit ein.

Auch eine Wochenplanung ist möglich. So können Sie am Sonntagabend oder am Montagmorgen für die gesamte kommende Woche planen. Die Wochenplanung hat den Vorteil, dass Ihr Fokus mehr auf langfristigen und strategischen Ergebnissen liegt. Wenn Sie für eine Woche planen, sollten Sie aber trotzdem täglich Ihren Plan überprüfen und Unvorhergesehenes einarbeiten.

- Planen Sie Ihre Aufgaben immer schriftlich und ergebnisorientiert. Beginnen Sie mit der Frage: „Was sind die wichtigsten Dinge, die ich heute erledigen will?" Die Antworten auf diese Frage schreiben Sie auf. Formulieren Sie Ihre Aufgaben ergebnisorientiert, so als ob das Ergebnis der Aufgabe bereits fertig wäre. Statt „Bericht schreiben" notieren Sie „Bericht fertiggestellt". Schließlich möchten Sie ein Ergebnis erreichen und schreiben den Bericht nicht um der Tätigkeit willen. Außerdem eröffnet eine ergebnisorientierte Formulierung eher die Möglichkeit zur Delegation der Aufgabe (s. hierzu auch S. 185).

- Halten Sie alle notwendigen Voraussetzungen für das Erledigen der Aufgabe fest. Benötigen Sie noch Informationen oder müssen Sie vorher noch ein Gespräch führen? Notieren Sie das ebenfalls.

- Unterscheiden Sie anschließend alle Aufgaben nach ihrer Wichtigkeit und Dringlichkeit und vergeben Sie anschließend Prioritäten. Dringende Aufgaben, wie Präsentationen, Vorbereitungen für Kundentermine, Deadlines, usw. sind in der Regel zeitnah zu erledigen. Wichtige Aufgaben strategischer, langfristiger und präventiver Natur sind von Ihren Auswirkungen und Folgen her bedeutsam. Unterteilen Sie die Aufgaben in vier Klassen. A, B, C und D.

  - A – Die Aufgabenklasse A beinhaltet dringende und wichtige Aufgaben. Oft stellen sich A-Aufgaben in einer Krisensituation, wenn viel auf dem Spiel steht und Probleme rasch gelöst werden müssen. Ein wichtiger Kunde droht beispielsweise abzuspringen. Sie müssen schnell reagieren, um zu verhindern, dass er zur Konkurrenz überläuft.

  - B – Aufgaben der Klasse B sind solche, die im Augenblick weniger dringend, aber für die Zukunft wichtig sind. Wenn Sie B-Aufgaben vernachlässigen, geraten Sie möglicherweise schnell in eine Krisensituation. Dann werden aus den B-Aufgaben sofort A-Aufgaben. Zu den B-Aufgaben gehören oft Aktivitäten, die einen präventiven oder strategischen Charakter haben. Ihre Tochter hat ein Reitturnier, ein ärztlicher Check steht an oder Sie wollen zusammen mit Ihrer Frau in die Oper. Je nachdem können diese Aufgaben auch in die A-Klasse aufrücken.

  - C – In die Aufgabenklasse C gehört das Tagesgeschäft. Es handelt sich dabei um solche Aufgaben, die dringend (weil sie schnell erledigt werden müssen) aber langfristig gesehen nicht wichtig sind. Viele solcher Aufgaben können wir delegieren oder durch eine bessere Organisation verkürzen. C-Aufgaben können zu A-Aufgaben werden, wenn Sie nicht rechtzeitig erledigt werden.

- D-Aufgaben sind weder dringend noch wichtig. Es entsteht kein Schaden, wenn diese Aufgaben nicht erledigt werden. Welche Aufgaben dazu gehören, können nur Sie für sich selbst entscheiden. Prüfen Sie, ob Sie solche Aufgaben überhaupt erledigen wollen. Andererseits kann es sein, dass Ihnen eine D-Aufgabe Spaß macht, auch wenn Sie keine große Bedeutung hat. Sie können in diesem Bereich leicht Zeit sparen. Trotzdem tut es manchmal auch gut, etwas Unwichtiges zu tun. Im Rahmen des Zeitmanagements gilt aber: D-Aufgaben erst erledigen, wenn die anderen Aufgaben abgearbeitet sind.

- Erledigen Sie zuerst A-Aufgaben, dann so viele B-Aufgaben wie möglich. C-Aufgaben delegieren Sie, soweit möglich. D-Aufgaben sollten Sie entweder streichen oder sich ihre Ausführung bewusst gönnen.

- Planen Sie in Blöcken: Fassen Sie gleichartige Aufgaben zusammen. Wenn Sie fünf Anrufe zu erledigen haben, dann erledigen Sie die alle hintereinander. So sparen Sie Zeit und müssen spätere Aufgaben dafür nicht unterbrechen.

- Planen Sie zunächst Ihre tägliche Arbeitszeit auf zehn Stunden, dann die Dauer Ihrer Aufgaben und in welchem Zeitraum Sie sie erledigen. Denn eine Planung ohne Termine ist kein Planen, sondern nur ein Vornehmen. Schätzen Sie großzügig. Wenn Sie zu knapp kalkulieren, geraten Sie später mit Ihrem Zeitplan durcheinander. Planen Sie auch Pufferzeiten mit ein. Pufferzeiten haben den Sinn, Unterbrechungen, die Sie beim Erledigen stören abzufedern. Wenn Sie Spielraum für Störungen einplanen, reagieren Sie gelassener und geraten mit Ihren Aufgaben nicht in Verzug.

- Kontrollieren Sie Ihre Planung jeden Abend. Aufgaben die Sie heute im Rahmen der geplanten Gesamtarbeitszeit nicht geschafft haben, übertragen Sie auf den nächsten Tag.

Fehlplanungen unterlaufen gerade zu Beginn häufiger. Ohne Erfahrung im Zeitmanagement ist es allerdings kaum möglich, perfekt zu planen. Analysieren Sie die Ursache der Fehlplanung und überlegen Sie, wie Sie Ihre Zeitplanung verbessern können. Denken Sie daran: Es gibt keine Fehler, sondern nur Resultate. Ziehen Sie einfach die Konsequenzen aus den Resultaten. Und: Bleiben Sie in Ihrer Planung flexibel. Sie müssen den Plan nicht um des Planes wegen erfüllen. Ein Plan ist immer nur eine Stütze zum Einordnen wichtiger und weniger wichtiger Dinge und was Sie an einem Tag alles schaffen wollen. Wenn Sie Ihren Plan wegen unvorhersehbarer Situationen nicht einhalten können, müssen Sie ihn eben ändern. Ziel ist eine realistische Tagesarbeitszeit, die unter zwölf Stunden täglich liegt.

Sollten Sie dauerhaft mit Ihrer Zeitplanung in Verzug geraten, dann ist ein diszipliniertes Vorgehen nötig. Überprüfen Sie auch, ob Sie sich zu viel auf einmal vornehmen und ob Sie die Zeiten für Ihre Aufgaben zu knapp planen.

Im Handel erhältlich sind elektronische Kalender sowie Zeitplaner mit Kalendarium sowie Vordrucken für Tages- und Wochenpläne, Aufgabenlisten, Projektplänen und ähnliche nützlichen Dingen. Eine gute Zeitplanung ist allerdings auch mit einem normalen Kalender oder einem Notizbuch möglich. Letztlich ist Zeitmanagement eine Frage der Einstellung.

Sieben Tipps zur Optimierung Ihrer Zeitplanung

1. Zeit für einen ruhigen und selbstbestimmten Start in den Tag

Wer sich in allerletzter Minute aus dem Bett stürzt, um dann kopfüber aus dem Haus in Richtung Arbeitsplatz zu eilen, kann anstehenden Aufgaben kaum souverän begegnen. Es geht auch anders: Schenken Sie sich morgens eine Stunde extra und stehen Sie entsprechend früher auf. Diese Zeit können Sie für sich nutzen, beispielsweise für eine Einheit Sport und anschließend für ein Frühstück mit den Kindern. Ihre Frau kann dann ausschlafen und wird es Ihnen mit Gelassenheit danken, wenn Sie dafür unter der Woche wieder spät dran sind. Investieren Sie die Zeit und stehen Sie rechtzeitig auf. Sie werden den ganzen Tag davon profitieren!

Überlegen Sie auch, ob Sie den Weg zur Arbeit für Sie optimieren können. Entscheiden Sie sich aktiv für einen, der Ihnen nicht unnötig Energien raubt sondern Ihnen vielleicht noch etwas Extra-Zeit schenkt. Können Sie beispielsweise auf öffentliche Verkehrsmittel umsteigen und die Zeit zum Lesen nutzen? Haben Sie die Möglichkeit, zu Fuß zu gehen und so für Bewegung und frische Luft zu sorgen? Optimal ist auch das Fahrrad, – sofern Sie die Möglichkeit haben, sich in der Firma frisch zu machen. Wenn Sie auf das Auto angewiesen sind: Haben Sie die Möglichkeit, antizyklisch zu fahren und so den schleppenden Berufsverkehr zu vermeiden? Falls nicht: Nutzen Sie die im Wagen verbrachte Zeit, indem Sie Hörbücher oder Musik hören.

2. Vermeiden Sie Unterbrechungen

Sie kennen das. Sie sind konzentriert mit einer wichtigen Aufgabe beschäftigt. Nun kommt alle drei Minuten ein Kollege herein und unterbricht Sie. Das geht auf Kosten Ihrer Konzentration. Nach jeder Unterbrechung brauchen Sie einige Minuten, um wieder mit der gleichen Konzentration weiterzuarbeiten, wie vorher.

Bleiben Sie deshalb konsequent bei Ihrer momentanen Aufgabe. Wenn Sie gestört werden, sagen Sie demjenigen freundlich, dass Sie im Augenblick keine Zeit haben. Vereinbaren Sie mit ihm einen anderen Zeitpunkt, an dem Sie sich mit seinem Thema beschäftigen. Aber tun Sie es nicht sofort. Das verschafft Ihnen Ruhe und Respekt.

Sorgen Sie dafür, ungestört zu bleiben, indem Sie ein entsprechendes Schild an die Bürotür hängen. Schalten Sie Ihre Mailbox an, denn oft reißt uns das Telefon aus der Arbeit.

3. Planen Sie ausdrücklich „stille Stunden" mit ein

Planen Sie einige völlig ungestörte Stunden pro Tag ein, in denen Sie ohne Unterbrechungen arbeiten können. In diesen Zeiten können Sie deutlich mehr schaffen als sonst. Besondere Termine für Ihre stillen Stunden sind die frühen Morgenstunden, bevor Sie beispielsweise zum Joggen gehen oder der Abend. Planen Sie ganz bewusst diese ein oder zwei Stunden in Ihrem Tagesablauf mit ein. Für Ihre stille Stunden sollten Sie sich von Ihrer Partnerin, einem Kollegen oder Ihrer Assistentin abschirmen lassen. Sie können für Sie auch Anrufe entgegennehmen und Störenfriede abwimmeln.

4. Nutzen Sie Ihre Leistungshochs

Jeder Mensch hat seine persönliche Leistungskurve und ist zu bestimmten Tageszeiten leistungsfähiger als zu anderen. Viele Menschen haben zum Beispiel ein Leistungshoch zwischen: 8.00 und 12.00 Uhr, sacken dann gegen Mittag ab und haben ein weiteres Leistungshoch zwischen 18.00 und 21.00 Uhr, das gefolgt wird von einem weiteren Leistungstief am späten Abend. Finden Sie heraus, wie Ihre persönliche Leistungskurve aussieht. Dazu können Sie eine Woche lang notieren, wie leistungsfähig und konzentriert Sie sich zu jeder Stunde fühlen. Sie können für jeden Tag eine Tabelle mit einzelnen Kästchen für die Stunden verwenden und jeweils Ihre Leistungsfähigkeit mit Schulnoten bewertet in die Tabelle eintragen. So bekommen Sie schnell ein Gefühl dafür, zu welchen Tageszeiten Sie in Topform sind.

Legen Sie A-Aufgaben in Ihr Leistungshoch, wenn Sie in Bestform sind. Während Ihres Leistungstief können Sie Routinearbeiten erledigen. So nutzen Sie Ihre Fähigkeiten optimal.

5. Halten Sie sich an Ihre Zeitlimits

Egal ob Sie eine Aufgabe erledigen, einen geschäftlichen Termin wahrnehmen oder eine Besprechung haben. Setzen Sie sich ein Zeitlimit und halten es konsequent ein. Es gibt eine Wechselwirkung zwischen der Zeit, die uns für eine Aufgabe zur Verfügung steht und der, die wir tatsächlich dafür brauchen. Meist benötigen wir genauso viel Zeit, wie uns zur Verfügung steht.

Es gibt noch einen weiteren positiven Nebeneffekt, wenn wir uns für unsere Arbeitsschritte ein Zeitlimit setzen und diszipliniert auf die Einhaltung dieser Zeit achten. Wir arbeiten konzentrierter an der konkreten Aufgabe und lassen uns weniger ablenken. Machen Sie es sich also am besten zur Gewohnheit, sich vor jeder Aufgabe und vor jeder Besprechung ein Zeitlimit festzusetzen und versuchen Sie diszipliniert dieses einzuhalten.

6. Teilen Sie große Aufgaben in sinnvolle Teilaufgaben auf

Große Aufgaben bieten wenig Anreiz zur sofortigen Erledigung. Teilen Sie daher die große Aufgabe in kleinere Teilaufgaben auf und erledigen Sie diese einzeln. Dazu notieren Sie auch in Ihrer Zeitplanung die einzelnen Schritte und erledigen sie Schritt für Schritt, bis das Großprojekt erledigt ist.

7. Erledigen Sie Ihre Aufgaben zeitnah

Schieben Sie nichts auf. Das sorgt für Unzufriedenheit, Frustration und Stress. Arbeiten Sie mit kleineren Teilaufgaben und belohnen sich für die Erledigung besonders unangenehmer Jobs mit einer Extraportion Freizeit.

Die Kunst zu delegieren

Selbstbewusst genug zu sein, um Aufgaben abgeben zu können, ist bereits die halbe Miete, wenn es um die Optimierung seines Zeitmanagements geht. Welche Aufgaben sich delegieren lassen, lassen sich im Einzelfall und je nach Situation entscheiden. Leicht delegierbar sind vor allem Routineaufgaben, Spezialistentätigkeiten (nur an einen Spezialisten), gut vorbereitete Aufgaben, die anhand einer Checkliste erledigt werden können und Aufgaben ohne viel Abstimmungsbedarf. Nicht zum Delegieren geeignet sind Führungsaufgaben, vertrauliche Angelegenheiten und außergewöhnliche Projekte.

1 Verschaffen Sie sich zunächst einen Überblick:

Listen Sie innerhalb eines detaillierten Arbeitsplanes auf, welche Aufgaben Sie für die nächsten vier Wochen in Ihrer Position zu erledigen haben und überprüfen Sie dann, welche der Teilaufgaben Sie delegieren und welche Sie weiterhin selbst ausführen wollen.

Achten Sie bei der Delegation von Routineaufgaben darauf, dass Sie nicht immer die gleichen Personen mit den gleichen Aufgaben beschäftigen. Das führt bei Mitarbeitern schnell zu Frust. Stellen Sie die Aufgaben in einer Teamsitzung in einem offenen Gespräch vor, so dass sich jeder das Passende auswählen kann. Was übrig bleibt, verteilen Sie.

2 Unterscheiden Sie die Aufgaben nach :

- Routineaufgaben, die immer wieder anstehen (z.B. Sitzungsraum vorbereiten, für Kopierpapier sorgen etc.)
- einmalige, einfache Aufgaben (z.B. Verschicken einer Postwurfsendung, Entgegennahme einer Lieferung etc.)
- komplexe und schwierige Aufgaben (z.B. eine Projektplanung erstellen, eine Werbekampagne zu planen u.ä.)
- Aufgaben, die Ihnen nicht liegen, die Sie deshalb nicht optimal ausführen können und für die ein anderer mehr geeignet wäre (z.B. den Kommunikations-Workshop für die Mitarbeiter zu halten oder die Buchhaltung erledigen)
- Aufgaben für die andere qualifizierter sind
- Anforderungen, die nur Sie erfüllen können (z.B. die Teilnahme an einer Podiumsdiskussion, einen Vortrag halten etc.)
- Aufgaben, die Sie auf jeden Fall selbst erledigen wollen (z.B. einen Pressetermin wahrnehmen, eine Sitzung leiten etc.)

Entscheiden Sie jetzt, welche der Aufgaben Sie delegieren wollen.

3 Überlegen Sie jetzt, an wen Sie die entsprechenden Aufgaben delegieren könnten.

Führen Sie dazu eine Art Kompetenz-Verzeichnis, in dem Sie sich notieren, welche Ihrer MitarbeiterInnen welche Fähigkeiten haben.

Dann wissen Sie im Bedarfsfall schneller, wem Sie was übertragen können. Möglich wären hier z.B. eigene Mitarbeiter (M), andere Abteilungen im eigenen Haus (A), Stabsstellen im eigenen Haus (S), Profitcenter im eigenen Unternehmen/Konzern (P) oder externe Dienstleister (E).

Schreiben Sie hinter jede Ihrer zu delegierenden Aufgaben, welche der oben gezeigten Möglichkeiten sich am besten dafür eignet.

Vertrauen ist alles ...

Delegation bedarf des gegenseitigen Vertrauens. Dazu gehört auch, dass Sie nicht oder nur bedingt vorgeben, wie eine Aufgabe zu erfüllen ist. Denn delegieren bedeutet immer, ein Stück Kontrolle abzugeben. Ihr Vertrauen macht es der anderen Person deutlich leichter, ein Stück Verantwortung zu übernehmen sowie eigenverantwortlich und damit motivierter zu handeln. Behalten Sie dabei eine gesunde Einstellung zu Fehlern, die passieren können ("Aus Fehlern können wir lernen".) und erkennen Sie an, dass andere manche Aufgaben genauso gut oder sogar besser als Sie erledigen können. Ein konstruktiver Umgangston, bei dem alle nach den bestmöglichen Lösungen suchen und die Bereitschaft, selbst dazu zu lernen, erleichtert das Delegieren.

Die Kommunikation spielt bei der Vertrauensbildung eine wesentliche Rolle. Formulieren Sie deshalb die Aufgabe sowie die Zielsetzung ganz konkret und versichern sich durch Rückfragen. Erklären Sie Sinn und Zweck der Aufgabe. Geben Sie ausreichende Informationen. Fragen Sie bei Aufgaben für Spezialisten gegebenenfalls nach, welche Informationen nötig sind.

... Kontrolle o.k.

Zum erfolgreichen Delegieren gehört auch, dass Sie Zwischenergebnisse kontrollieren (wenn notwendig), Ihren Mitarbeitern oder Kolleginnen eine Rückmeldung über Ihre Zufriedenheit geben und bei fehlerhaften Ergebnissen sicherstellen, dass der Mitarbeiter die Fehlerquellen begreift und der Fehler möglichst kein zweites Mal passiert.

Seien Sie sparsam mit Kritik und formulieren Sie diese immer konstruktiv. Loben Sie großzügig. Holen Sie sich auch Feedback von der Person, die die Aufgabe erfüllt hat. Sie könnte sich dazu äußern, ob die Aufgabenvergabe klar genug erfolgte, ob die Informationen und Mittel ausreichten, ob es Verbesserungsvorschläge gibt.

Das 7-Wochenprogramm

1. Woche: Aktive Entspannung

Entscheiden Sie sich für eine der beschriebenen Entspannungstechniken: Progressive Muskelentspannung nach Jacobson, Autogenes Training, Meditation oder wahlweise Yoga, Chi Gong oder Tai Chi. Melden Sie sich entweder zu Beginn der ersten Woche bei einem Kurs an (VHS und Gesundheitszentren; erkundigen Sie sich auch bei Ihrer Krankenkasse. Die meisten Kassen haben Kurse im Angebot und versorgen Sie mit Adressen.), oder Sie besorgen sich eine CD für Progressive Muskelentspannung (PMR) bzw. Autogenes Training (AT) mit therapeutischen Anweisungen und fangen alleine an. Das erfordert etwas mehr Disziplin, ist aber okay.

Üben Sie während der ersten sieben Wochen jeden zweiten Tag am Abend vor dem Schlafengehen. Die Zeit dafür haben Sie! Anschließend können Sie Ihren Rhythmus nach Bedarf wählen, am besten sind jedoch zwei bis drei Übungseinheiten pro Woche und eine am Wochenende. Natürlich können Sie die Techniken auch kombinieren. Meditation ist beispielsweise ein guter Einstieg in den Tag, mit Autogenem Training können Sie den Tag dagegen abschließen und Ziele und Vorhaben internalisieren.

Der Clou: Wenn Sie PMR oder AT gut beherrschen, können Sie allein mittels eines Signals den Entspannungszustand herbeirufen. Das kann das Ballen einer Faust sein oder ein Stichwort, das Sie sich gedanklich sagen. Probieren Sie aus, mit welcher Art Entspannungssignal sie am besten arbeiten können. Zum Beispiel: „Ganz locker." Wenn Sie sich dieses Stichwort vor jeder Übung gedanklich sagen, programmieren Sie Ihr Unterbewusstsein mit dem Befehl zur Entspannung. Ihr Körper begibt sich dann bereits auf das Signal hin in eine tiefe Entspannung, ohne dass Sie den Zyklus ganz durchgehen. So können Sie sich manchen Autostau verkürzen oder sich positiv vor anstrengenden Terminen programmieren. Nicht vergessen: Zum Aufhören zählen Sie gedanklich immer rückwärts von vier bis eins. Dann tief atmen, strecken und Augen auf.

2. Woche: Aktive Zeitplanung

Planen Sie Ihre Zeit wie auf den Seiten 178 beschrieben.
Delegieren Sie dabei so viele Aufgaben wie möglich (s. Seite 185 ff.)
Vereinbaren Sie dazu einen wöchentlichen Partnerschaftstermin, einen wöchentlichen Termin mit Ihrem Kind bzw. den Kindern sowie einen wöchentlichen Termin für eine Familienkonferenz sowie eine gemeinsame Unternehmung.

3. Woche: Erarbeiten Sie Ihre persönliche Leistungskurve

Sind Ihnen Fehler bei der Zeitplanung unterlaufen? Haben Sie zu wenig Puffer eingebaut? Hat die Klassifizierung in A,B,C oder D noch nicht ganz funktioniert. Das ist alles in Ordnung. Sehen Sie, was ab dieser Woche besser laufen könnte und erarbeiten Sie sich Ihre persönliche Leistungskurve. Das wird Ihnen helfen, Ihre Zeitplanung zu optimieren.

4. Woche: Pflegen Sie Ihre Partnerschaft bzw. Familie

Wenn alles gut gelaufen ist, sind Sie jetzt langsam wieder Herr Ihrer Zeit und dank eines regelmäßigen Sport- und Entspannungsprogramms besser in Form. Wie verliefen die ersten Partnerschaftstermine? Wenn Sie und Ihre Partnerin das Gefühl haben, Sie sind auf dem richtigen Weg, nehmen Sie sich doch ein gemeinsames Wochenende vor. Sollten Sie kleinere Kinder haben, sorgen Sie für einen Babysitter und suchen ein schönes Ziel für sich und Ihre Frau aus. Vielleicht hatten Sie ja auch schon längst einmal vor, an einen bestimmten Ort zu reisen. Jetzt ist der richtige Zeitpunkt dafür. Wenn Sie größere Kinder haben, dann planen Sie doch für das Wochenende einen Ausflug in die nähere Umgebung.

5. Woche: Reaktivieren Sie alte Freundschaften

Blättern Sie doch einmal in Ihren Erinnerungen, mit welchen Jungen in der Schule Sie sich immer gut verstanden haben, wer während der Ausbildung viel mit Ihnen zusammen war oder wen Sie in letzter Zeit im Berufsleben kennengelernt haben, der Ihnen sympathisch ist und der Ihr Vertrauen verdienen könnte. Rufen Sie an, vereinbaren Sie ein Treffen mit alten Freunden und tauschen Sie sich darüber aus, was aus Ihnen geworden ist und wie es Ihnen geht. Mit jüngeren Bekanntschaften ist es schwieriger, gleich einen so vertrauten Ton zu finden, doch vielleicht können Sie sich zum Sport und einem anschließenden

Bier verabreden. Versuchen Sie im Gespräch eine vertrauensvolle Atmosphäre entstehen zu lassen.

6. Woche: Nehmen Sie sich Zeit für sich selbst

Jeder Mensch hat ein Steckenpferd oder ein Hobby, für das meist zu wenig Zeit übrig bleibt. Ob die neue CD Ihrer Lieblingsband, die Sie sich in Ruhe von vorne bis hinten anhören, einen Film, den Sie immer schon mal gesehen haben wollten oder ein Buch, das auf Ihrer privaten To-do-Liste steht. Sie können aber auch bildhauern, in einer Band spielen, Gleitschirmfliegen lernen oder sich irgend etwas anderes, was Sie gerne, aber eben viel zu selten tun, sich vornehmen. Warum immer auf die lange Bank schieben – Zeit hat man nicht, man nimmt sie sich!

7. Woche: Zeit für die Gesellschaft

Jetzt, wo Sie für sich, Ihre Partnerschaft und Familie gesorgt haben und Kontakt zu Freunden wieder aufgenommen haben ist es an der Zeit, auch an die Umwelt in der Sie leben zu denken. Ohne Ehrenamt würde vieles in dieser Gesellschaft nicht funktionieren. Ob Freiwillige Feuerwehr, der Sportverein oder die Kirchengemeinde – ohne die unentgeltliche Mitarbeit engagierter Bürger müssten zahlreiche Angebote entfallen. Niemand verlangt von Ihnen, drei Abende die Woche Gutes zu tun. Aber alle zwei Wochen einen Abend für ein soziales Engagement freizumachen, das gibt mit neuem Zeitmanagement auch Ihr Zeitplan her.

Und was soll das bringen? fragen Sie jetzt wahrscheinlich. Mehr als Sie glauben. Neben der tiefen Befriedigung, die fast alle ehrenamtlich Aktiven empfinden, knüpfen Sie neue Kontakte, erfahren Anerkennung und Dank. Eine aktuelle Studie der GfK hat ergeben, dass allein im zweiten Halbjahr 2004 rund 27 Millionen Deutsche sich in irgendeiner Form ehrenamtlich engagiert haben. Im Idealfall verknüpfen Sie Ihre ehrenamtliche Tätigkeit mit einem Ihrer Hobbies.

V. Kapitel
Die 7-Wochen-Pläne auf einen Blick

Vielleicht haben Sie schon parallel zur Lektüre des Buches mit Ihrem Training angefangen. Sehr gut! Vielleicht wollten Sie sich aber zuerst einen kompletten Überblick verschaffen und stehen jetzt gerade vor dem Beginn. Auch wunderbar. Wie Sie vorgehen, bleibt Ihnen selbst überlassen. Wenn Sie es ganz gemächlich angehen wollen, um auf keinen Fall Gefahr zu laufen, sich zu überfordern, können Sie die 7-Wochen-Programme zu den einzelnen Themenkreisen – Bewegung, Ernährung, mentales Training, Life-Work-Balance – getrennt absolvieren. Derjenige, der das Gefühl hat, seine Knochen rosten allmählich ein, wird natürlich mit dem Ausdauer- und Krafttrainingsprogramm als Einstieg am besten bedient sein. Wer das Gefühl hat, er muss dringend die Notbremse ziehen und eine Pause einlegen, um nicht mit 180 gegen die Wand zu fahren, der sollte mit den Entspannungsübungen aus dem letzten Kapitel für etwas mehr Ruhe und Erholung in seinem Leben sorgen. Jeder, wie er es für richtig hält. Das Wichtigste ist, den Einstieg überhaupt zu wagen.

Eines ist natürlich klar, wer die 7-Wochen-Programme unbedingt getrennt voneinander, hintereinander ausführen möchte, der wird natürlich dementsprechend länger brauchen. Aber selbst das macht überhaupt nichts. Das ist dann eben sein Weg und damit für denjenigen genau der richtige.

Die Praxis hat gezeigt, dass ein aus allen vier Bereichen kombiniertes Programm vielen leichter fällt. Das ist nicht weiter verwunderlich, da Ernährung, körperliche sowie geistige Beweglichkeit und Erholung sehr eng miteinander verknüpft sind, ineinander übergreifen, sich sogar gegenseitig bedingen. Es wird von ganz alleine der Wunsch entstehen, nicht nur bewusster und gesünder zu essen, sondern zusätzlich auf eine ausreichende Bewegung – physisch und mental – zu achten und zwischendrin die Seele einfach mal baumeln zu lassen.

Wenn Sie nach dieser Methode vorgehen wollen, dann sieht Ihr 7-Wochen-Programm folgendermaßen aus.

1. Woche: Eingewöhnung

Die erste Woche dient der Eingewöhnung, der langsamen Umstellung. Natürlich gibt es Typen, die Knall auf Fall alles radikal ändern wollen. Das hält man maximal 14 Tage durch – und fällt in der dritten Woche gnadenlos in den alten Trott zurück. Der Mensch ist nun mal ein Gewohnheitstier. Und Gewohnheiten zu ändern, gehört zu den schwierigsten Unterfangen, denen ein Mensch sich nur stellen kann.

Also, gehen Sie es langsamer, dafür aber umso bewusster an. Auf diese Weise gelingt es Ihnen garantiert, ausreichend Bewegung, gesunde Ernährung, mentales Training und wirkungsvolle Entspannung mühelos, erfolgreich und dauerhaft in Ihr Leben zu integrieren. Schon nach kurzer Zeit werden Sie mit einem besseren Allgemeinbefinden, einer gestärkten Gesundheit und einer erhöhten Leistungsfähigkeit belohnt werden. Sie werden nicht nur nach außen strahlen und durch Ihr Charisma beeindrucken, sondern auch eine innerliche Lust verspüren, die Sie dazu motiviert, Ihre täglichen Anforderungen mit Freude zu erfüllen. Der Erfolg ist tief in Ihnen vorprogrammiert.

1.1. Bewegungseinheiten

Zweimal Ausdauer- und zweimal Krafttraining der genannten Hauptmuskelgruppe. Was wenig klingt, bewirkt eine ganze Menge, wenn Sie diese Übungseinheiten konsequent umsetzen. Mit der Stärkung des Pomuskels, des unteren Rückens und Bauches sowie mit dem beginnenden Ausdauertraining schaffen Sie die Basis für ein größeres Lungenvolumen und eine gute Haltung. Nicht vergessen: Unbedingt nach der Krafteinheit die Dehnungsübung durchführen – sie ist das Tüpfelchen auf dem i!

Wochentag	Puls (Schl./Min.)	Zeit (Minuten)	Bemerkungen
Mittwoch	180 – Lebensalter	15 Minuten	Suchen Sie sich einen Wochentag aus, der Ihnen besonders gut liegt und gehen Sie 15 Minuten zügig spazieren.
Samstag	180 – Lebensalter	20 Minuten	Ein zweiter Termin bietet sich am Wochenende an. Nehmen Sie doch einfach Ihren Partner/Ihre Partnerin oder jemanden aus Ihrem Freundeskreis mit!

Kraftübung für Woche 1:

Gesäßmuskel (M. gluteus maximus), unterer Rücken (Rückenstrecker – M. erector spinae) und gerader Bauchmuskel (M. rectus abdominis) (Fotoproduktion, Bild 3)

1. Auf den Rücken legen, die Beine auf den Petziball auflegen, die Arme flach neben dem Körper zum Aufstützen ablegen.
2. Jetzt die Beine durchstrecken und gleichzeitig das Becken anheben. Bauch und Rücken in eine gerade Position bringen.
3. Jeweils 15 Sekunden halten, dann entspannen. 3 Serien.

Dehnungsübung

Gesäßmuskel (M. gluteus maximus), unterer Rücken (Rückenstrecker – M. erector spinae)

1. Legen Sie sich auf den Rücken, winkeln Sie die Beine an und fassen mit den Händen die Schienbeine. Die Füße sind entspannt. Der untere Rücken liegt flach auf dem Boden. Schulter, Hals und Nacken sind entspannt.
2. Beide Beine soweit in Richtung Brust ziehen, bis Sie die Dehnung spüren. 20 bis 30 Sekunden halten, dann entspannen. 3 Serien.

1.2. Ernährung

Thema der Woche: Fette

Verabschieden Sie sich von der Vorstellung, dass Fette auch wirklich fett machen. Mit ungesättigten Fettsäuren, wie sie in Olivenöl, Rapsöl & Co. enthalten sind, steigern Sie die Leistungskurve Ihres Körpers – aber nur bei gleichzeitigem Verzicht auf gesättigte Fette. Fett ist der Geschmacksträger Nr. 1, was natürlich eine große Schwachstelle ist, was den Verzicht betrifft. Sie werden in der ersten Woche eine langsame Umstellung erfahren, Ihre Geschmacksnerven wieder sensibilisieren und feststellen, dass die Ernährungsalternativen großartig sind. Und hier nochmals die Planung an den von Ihnen gewählten vier Basistagen. Günstig sind die Termine, an denen Sie auch Ihre Sporteinheiten durchführen:

- Absolutes Tabu: Pommes, Hamburger, Chips, Schokoladeaufstrich. Sahne- und Buttertorten und -kuchen, Croissants, Blätterteiggebäck, Kekse etc.
- Ein weiteres Tabu sind fettreiche Wurst und Käse – magerer Schinken und Käse darf es hingegen sein.
- Nehmen Sie viel Salat zu sich, der ausschließlich mit den genannten Ölen angerichtet ist (und natürlich mit Essig und Gewürzen – aber nicht mit Mayonnaise oder Sahne).
- An zwei der Tage sollten Sie Fisch essen, selbst fettreiche Fische wie Aal, Hering und Makrele können verzehrt werden; empfehlenswert wäre am zweiten Fischtag ein magereres Flossentier in den Speiseplan einzubauen, wie Forelle, Kabeljau, Seelachs, Barsch oder Zander.
- An den anderen beiden Tagen ist mageres Fleisch oder ein vegetarisches Essen angesagt – das kann eine leckere Pasta sein, ein Wokgericht oder gekochtes Fleisch.
- Generell sollten Frauen zwischen 40 bis maximal 60 Gramm Fett an diesen Tagen zu sich nehmen, Männer zwischen 60 bis 80 Gramm; dabei ist allerdings auch schon der Fettanteil der Milch im Morgenkaffee enthalten.

1.3. Mentales Training

Sich richtig ausrichten bzw. sich im Kopf richtig einrichten. Zeit für Besinnung und Reflexion ist angesagt. Legen Sie eine Pause in Ihrem gehetzten Tagesablauf ein und machen Sie sich zu den unten aufgeführten Begriffen ein paar Gedanken. Überlegen Sie, was zu Ihnen, zu Ihrer Persönlichkeit passt. Nicht Gesellschaft, Medien oder Zeitgeist dürfen Ihr Denken bestimmen, sondern Sie selbst müssen sich wieder finden können. Eine Tugend kann nur dann wertvoll sein, wenn sie auch aus einer inneren Überzeugung heraus gelebt wird.

A   *Kardinaltugenden*
- Aktivität und Initiative
- Arbeitswille
- Willenskraft und Durchsetzungsvermögen
- Beharrlichkeit, Geduld
- Intuition
- Ehrlichkeit und Integrität
- Mut und Risikobereitschaft
- Lösungsorientiertheit
- Lernbereitschaft
- Begeisterungsfähigkeit

Beantworten Sie jetzt:
Sortieren Sie die oben genannten Werte nach ihrer Wichtigkeit für Sie selbst:
An der Entwicklung welcher Werte müssen Sie noch arbeiten. Wo denken Sie, haben Sie noch Defizite.

B   *Individuelle Wertsetzungen*
Gehen Sie die nachstehende Checkliste durch, und formulieren Sie daraus Ihren persönlichen Wertekanon mit den drei wichtigsten Werten. Heften Sie diesen an den Spiegel, so dass Sie ihn schon morgens beim Zähneputzen oder Rasieren vor Augen haben.

Checkliste: Mein Wertekanon

A *Kreuzen Sie aus den folgenden Liste die für Sie wichtigsten zehn Werte an.*

☐ Ästhetik	☐ Sparsamkeit	☐ Verantwortung
☐ Anerkennung	☐ Effizienz	☐ Führung
☐ Anstand	☐ Flexibilität	☐ Geborgenheit
☐ Aufrichtigkeit	☐ Natur	☐ Begeisterung
☐ Ausgeglichenheit	☐ Mitgefühl	☐ Harmonie
☐ Ausstrahlung	☐ Lebensfreude	☐ Herausforderung
☐ Entwicklungsfähigkeit	☐ Zurückgezogenheit	☐ Vertrauen
☐ Erfüllte Beziehung	☐ Glaube/Religion	☐ Pünktlichkeit
☐ Bildung	☐ Kompetenz	☐ Leistung
☐ Ehrlichkeit	☐ Heimat	☐ Optimismus
☐ Familie	☐ Frieden	☐ Abwechslung
☐ Fitness	☐ Disziplin	☐ Dankbarkeit
☐ Freiheit	☐ Kreativität	☐ Ruhm
☐ Freunde	☐ Kunst/Musik	☐ Zusammenarbeit
☐ Genuss	☐ Abenteuer	☐ Selbstbewusstsein
☐ Geradlinigkeit	☐ Liebe	☐ Toleranz
☐ Gerechtigkeit	☐ Erotik	☐ Ruhe
☐ Gesundheit	☐ Loyalität	☐ Status
☐ Herkunft	☐ Ordnung	☐ Selbstachtung
☐ Integrität	☐ Arbeit	☐ Charakterfestigkeit
☐ Individualität	☐ Sachkenntnis	☐ Güte
☐ Kinder	☐ Gemütlichkeit	☐ Großzügigkeit
☐ Macht	☐ Ehre	☐ Distanz
☐ Respekt	☐ Kommunikationsfähigkeit	☐ Sicherheit
☐ Unabhängigkeit	☐ Soziales/Polit. Engagement	☐ Demokratie
☐ Verzicht	☐ Wohlstand	☐ Zuverlässigkeit

B *Wählen Sie aus dieser Zusammenstellung die zehn wichtigsten Werte und schreiben Sie sie in der Reihenfolge Ihrer Priorität auf. In einem zweiten Schritt wählen Sie aus der Vorauswahl die drei wichtigsten Tugenden aus und notieren Sie nach ihrer Wichtigkeit.*

1.4. Entspannungsübung

Aktive Entspannung ist das A und O. Auch wenn Sie eher der Typ sind, der dauernd in Bewegung sein muss: Schalten Sie zumindest in den ersten Wochen ein paar Gänge zurück. Lassen Sie sich auf ein Entspannungsprogramm Ihrer Wahl ein. Es hat sich interessanter Weise gezeigt, dass gerade diejenigen, die das Erlernen einer Entspannungstechnik zu erst abgelehnt haben, schließlich am meisten davon profitiert haben. Haben Sie ein bisschen Geduld, nehmen Sie sich die Zeit und finden Sie den Ruhepol in sich. Er ist Gold wert! Das werden Sie spüren, wenn das nächste Mal rund um Sie herum die totale Hektik ausbricht und Sie sich nicht mit in diesen Sog ziehen lassen, sondern ruhig und gelassen bleiben.

Sie haben auf den Seiten 148 gelesen, welche Entspannungsübungen hilfreich sind. Entscheiden Sie sich für eine:
- Progressive Muskelentspannung nach Jacobson
- Autogenes Training
- Meditation
- wahlweise Yoga, Chi Gong oder Tai Chi.

Kurse dazu gibt es an der VHS, in Gesundheitszentren und über Ihre Krankenkasse. Oder Sie besorgen sich eine CD für Progressive Muskelentspannung (PMR) bzw. Autogenes Training (AT) mit therapeutischen Anweisungen und fangen alleine an. Das erfordert allerdings etwas mehr Disziplin.
Übungseinheiten: Während der ersten Woche zur Eingewöhnung jeden zweiten Abend vor dem Schlafengehen. Anschließend können Sie Ihren Rhythmus nach Bedarf wählen, am besten sind jedoch zwei bis drei Übungseinheiten pro Woche und eine am Wochenende.
Natürlich können Sie die Techniken auch kombinieren. Meditation ist beispielsweise ein guter Einstieg in den Tag, mit Autogenem Training können Sie den Tag dagegen abschließen und Ziele und Vorhaben internalisieren.

Der Clou: Wenn Sie PMR oder AT gut beherrschen, können Sie allein mittels eines Signals den Entspannungszustand herbeirufen. Das kann das Ballen einer Faust sein oder ein Stichwort, das Sie sich gedanklich sagen.

2. Woche: Umstellungen einleiten

Sieben Tage des Programms liegen nun hinter Ihnen. Erste Bestandsaufnahme: War es schlimm? Hat es viel Mühe gekostet? Nein! Schön, es geht Ihnen also genauso wie unseren Probanden, die nichts lieber wollten, als weiterzumachen! Dann widmen wir uns in dieser Woche dem Aufbau und Ausbau.

2.1. Bewegung

Ihr Ausdauertraining können Sie nun mit Leichtigkeit steigern: nur 5 Minuten mehr. Achten Sie während Ihrer Trainingseinheiten auf die Pulsfrequenz, auf die Trainingsintensität! Als zusätzliche Kraftübung – ergänzend zu der aus der 1. Woche – kommt nun der Armbereich hinzu. Neben dem Trizeps werden auch Brustmuskulatur und oberer Rücken beansprucht.

Wochentag	Puls (Schl./Min.)	Zeit (Minuten)	Bemerkungen
Mittwoch	180 – Lebensalter	15 Minuten	Gehen Sie entweder direkt nach der Arbeit oder eine Stunde nach dem Abendessen 15 Minuten stramm um den Häuserblock, schon haben Sie aktiv etwas für Ihre Fitness getan.
Samstag	180 – Lebensalter	25 Minuten	Suchen Sie sich für Ihre Einheit am Wochenende eine schöne Wegstrecke aus, z.B. entlang eines Flusslaufes.

Kraftübung für Woche 2:

Armstrecker (M. trizeps brachii)

1. Den Ball zur Stabilisation gegen die Wand drücken. Mit den angewinkelten Armen auf dem Ball aufstützen, die Fingerspitzen zeigen nach vorne; die Beine bilden einen offenen 90°-Winkel.
2. Die Arme unter Beinbehaltung der Körperposition langsam beugen – das Gesäß darf den Ball nicht berühren. Unbedingt die Spannung in Bauch und Rücken aufrechterhalten.
3. Langsam 10-mal auf und ab bewegen.

Dehnübung für Woche 2:
Armstrecker (M. trizeps brachii)

1. Stehen Sie gerade, die Beine sind hüftbreit geöffnet. Einen Arm angewinkelt hinter den Kopf legen.
2. Jetzt fassen Sie mit der anderen Hand die Oberseite des Arms und
   ziehen ihn langsam hinter den Kopf. Wichtig ist, nicht im Rücken
   auszuweichen, das Schultergelenk entspannt zu lassen und gleichmäßig zu atmen.
3. 20 bis 30 Sekunden halten, dann den Arm ausschütteln und den
   anderen Arm dehnen.

2.2. Ernährung

Thema der Woche: Weißmehlprodukte

Über Kohlenhydrate und GLYX haben Sie auf Seite 63 gelesen. Wie gesagt: Einfache Kohlenhydrate – und die sind in Weißmehlprodukten
zu finden – lassen den Blutzuckerspiegel nach oben schnellen. Und
mit ihm das Hormon Insulin, das in großen Mengen und dauerhaftem
Einsatz dem Körper gefährlich wird.

Daher sollten Sie an den vier ausgewählten Tagen auf Weißmehlprodukte aller Art verzichten. Anstelle des Brötchens, des Baguettes, aber
auch der Pasta gibt es Vollkornprodukte. Komplexe Kohlenhydrate
und gute Öle sind bereits grundlegende Bausteine für Körper und
Geist.

So könnte sich der Tag gestalten:

- Morgens ein Müsli mit frischem Obst und Milch – das Vollkornprodukt wird Ihnen bis zum Mittag Energie geben, die Früchte sorgen für Vitamine und die Milch für das notwendige Kalzium.
  Auch Vollkornbrot oder -brötchen mit Frischkäse, Marmelade
  oder einer mageren Wurst könnten eine Alternative darstellen.
  Probieren Sie es – es ist alles nur eine Frage der Gewohnheit.
- Mittags möchten die meisten Berufstätigen nicht zu üppig essen:
  Also ist Salat – natürlich mit den entsprechenden Ölen angerichtet
  – genau das Richtige. Oder Sie probieren mal Vollkornpasta. Die
  schmeckt Ihnen vielleicht besser, als Sie jetzt denken.
- Abends sollte wie in der vorigen Woche zweimal Fisch auf dem
  Programm stehen; ansonsten empfehlen sich Gemüsegerichte aus
  dem Wok: Sie sind schnell zubereitet und schmecken lecker.

2.3. Mentales Training – Meine persönliches Potenzial

Während Sie sich in der ersten Woche über Ihre allgemeinen Wertvorstellungen Klarheit verschafft haben, ist nun ihr persönliches Potenzial Thema. Finden Sie heraus, was wirklich in Ihnen steckt. Was ist störend, beeinflusst Sie negativ und hindert Sie damit an Erfolg und Leistung.

Das folgende Programm ist ein von Psychotherapeuten erarbeitet. Nehmen Sie sich dazu eine Stunde Zeit und beantworten Sie die Antworten spontan und klar.

Lesen Sie Ihre Antworten einmal durch und legen den Fragebogen anschließend ab. Am Ende des 7-Wochen-Programms können Sie ihn sich noch einmal vornehmen und die Teile A, B und D nochmals beantworten. Der Fragebogen kann Ihnen helfen, sich selbst besser zu verstehen, zu reflektieren und neue, erfolgreichere Lebensstrategien zu entwerfen. Vor allem Teil C ist so konzipiert, dass Sie einen aufmerksamen Blick auf alte Programmierungen werfen können. Wenn Sie sich bestimmter Problembereiche bewusst sind, dann können Sie sich auch ebenso bewusst davon verabschieden und einem neuen, gesunden Verhalten Raum geben.

A   *Blicken Sie einmal auf die letzten zwei Monate zurück und wägen Erfolge und Niederlagen gegeneinander ab.*
● Was waren beruflich und privat ihre besten Erfolgserlebnisse?
● Haben Sie Ideale im Leben. Was ist Ihnen am wichtigsten?
● Worin liegen Ihre besonderen Stärken?
● Was ist Ihnen derzeit am wichtigsten im alltäglichen Leben. Schreiben Sie die drei Ziele auf, die Sie momentan antreiben. Das wichtigste zuerst.
● Welchen Wunsch möchten Sie sich unbedingt erfüllen und warum?

B   *Welche Ziele haben Sie im Bezug auf verschiedene Lebensbereiche?*
● Wie zufrieden bin ich in meinem Beruf und warum? Was möchte ich gegebenenfalls verbessern?
● Wie zufrieden bin ich mit meinem Beziehungs-/Familienleben. Was möchte ich verbessern?
● Wie zufrieden bin ich mit meinem Sozialleben? Was würde mir mehr Spaß machen?

- Wie fit bin ich körperlich? Was möchte ich für mich erreichen?
- Wie fit bin ich geistig? Was möchte ich für mich erreichen?
- Wie entspannt und ausgeglichen bin ich? Was möchte ich verbessern?
- Was, glauben Sie, hat Sie bisher am meisten gehindert, gesteckte Ziele zu erreichen?

C Wie sieht es im Privatleben aus?
- Beschreiben Sie die Beziehung zu Ihrer Mutter und das vorherrschende Verhalten Ihrer Mutter während Ihrer Kindheit und Jugend Ihnen und der Familie gegenüber.
- Beschreiben Sie die Beziehung zu Ihrem Vater und das vorherrschende Verhalten Ihres Vaters während Ihrer Kindheit und Jugend Ihnen und der Familie gegenüber.
- Welche Rolle spielte Leistung in Ihrer Familie? Wie wurde Sie belohnt?
- Wie viele Geschwister haben Sie? An welcher Stelle in der Geschwisterhierarchie stehen Sie?
- Beschreiben Sie die Atmosphäre in Ihrer Familie in Ihrer Kindheit und Jugend.
- Wie waren Ihre schulischen Leistungen?
- Wie war Ihr Kontakt zu Freunden/Freundinnen?
- Wie ist Ihre berufliche Entwicklung? Warum haben Sie Ihren jetzigen Beruf ergriffen?
- Wo stehen Sie derzeit beruflich?
- Sind Sie verheiratet oder haben eine Partnerin? Skizzieren Sie Ihre Beziehung und wichtige frühere Beziehungserfahrungen.
- Haben Sie Kinder? Wie ist die derzeitige Situation?
- Haben Sie in den letzten Jahren unter schweren und häufiger auftretenden Krankheiten gelitten? Wenn ja, welche?
- Gibt es belastende Ereignisse, die hier noch nicht erfasst wurden?

D Selbstbild
- Haben Sie enge Freunde, mit denen Sie sich auch über private Dinge so austauschen können, dass es Sie in Stress-Situationen gegebenenfalls entlastet?
- Wie steht es Ihrer Meinung nach um Ihren Teamgeist? Schätzt man Sie, schätzen Sie Ihre Mitarbeiter, Kollegen, Ihren Chef?
- Wie entspannen Sie sich am liebsten?

- Halten Sie sich für attraktiv? Was gefällt Ihnen am meisten an sich selbst?
- Was glauben Sie, schätzen andere Menschen am meisten an Ihnen?

Legen Sie diesen Fragebogen ab und nehmen Sie ihn sich im Anschluss an das 7-Wochen-Programm noch einmal. Überprüfen Sie Ihre Aussagen im Einzelnen. Wo gelingt es Ihnen, mit unangenehmen Erfahrungen so abzuschließen, dass sie nicht mehr belastend in die Gegenwart wirken. In welchen Lebensbereichen hat sich bereits etwas zum Positiven hin verändert?

2.4. Entspannung durch aktive Zeitplanung

Planen Sie Ihre Zeit wie auf den Seiten 148 ff beschrieben. Delegieren Sie dabei so viele Aufgaben wie möglich; fragen Sie sich immer wieder, ob Sie wirklich überall unabkömmlich sind. Vereinbaren Sie dazu einen wöchentlichen Termin mit sich selbst: Fünf Minuten Überlegung – wer möchte auch schriftlich – mit wem man sich treffen sollte und mit wem nicht, bringen Ihnen unendlich viel Zeit. Und damit Entspannung. So können Sie sich aufs Wesentliche konzentrieren – auf Ihren Partner, Ihre Kinder, Freunde aber auch auf wichtige geschäftliche Beziehungen.

3. Woche: Umstellungseinheiten steigern

Jetzt legen wir noch einen Zahn zu. Ziel dieser Woche ist es, sich an die eingeleitete Umstellung und eine kleine Steigerung zu gewöhnen. Würden Sie jetzt bei den Trainingseinheiten der letzten Woche verbleiben, würden Sie in ein Motivationsloch sinken.

3.1. Bewegung

Eine Steigerung ist gerade im Ausdauerbereich angesagt: länger und intensiver! Halten Sie durch, so gut es geht. Sollten Sie die anvisierten Zeiteinheiten nicht schaffen, nur nicht den Mut verlieren! Dran bleiben, jetzt erst recht. Als Krafteinheit kommt eine schwierige Muskelgruppe an die Reihe: die seitliche Bauchmuskulatur, die für Stabilität sorgt.

Wochentag	Puls (Schl./Min.)	Zeit (Minuten)	Bemerkungen
Mittwoch	190 – Lebensalter	20 Minuten	Nach den ersten beiden Eingewöhnungswochen sind 20 Minuten am Abend doch schon kein Problem mehr für Sie ...
Samstag	190 – Lebensalter	35 Minuten	Verabreden Sie sich. Zu zweit oder in der Gruppe ist es gleich viel amüsanter und die Zeit geht schneller vorbei!

Kraftübung für Woche 3:

Seitliche Bauchmuskulatur (Innere und äußere schräge Bauchmuskulatur – M. obliquus externus und M. obliquus internus)

1. Legen Sie sich seitlich mit der Hüfte auf den Petziball und stützen sich dabei mit den Armen seitlich ab.
2. Jetzt strecken Sie den Körper durch und halten dabei die Arme angewinkelt vor den Körper. Fortgeschrittene heben das obere Bein gestreckt mit angewinkeltem Fuß und ziehen den Arm nach oben. Stützen Sie sich parallel dazu mit dem unteren Arm auf dem Boden ab.
3. 4 bis 12 Sätze pro Seite.

Dehnübung für Woche 3:

Dehnung der seitlichen Rumpfmuskulatur

1. Stehen Sie aufrecht, die Beine sind hüftbreit geöffnet, die Knie leicht gebeugt.
2. Den Oberkörper zur Seite neigen, dabei aber den Bauch fest anspannen – ausatmen und dann gleichmäßig weiteratmen.
3. 20 Sekunden halten, dann die Seite wechseln. 3 Sätze pro Seite.

3.2. Ernährung

Thema der Woche: Einfachzucker

Einfache Kohlenhydrate stellt der Körper nicht nur aus Weißmehlprodukten her, sondern auch aus Einfachzuckern. Das Problem mit Zuckern ist, der Mensch mag sie nun mal ziemlich gerne und möchte sie nicht entbehren. Daher ein kurzes Training für die Geschmacksnerven. An Ihren vier Tagen keinen Zucker oder zuckerhaltige Lebensmittel. Das heißt keine Süßigkeiten, keine Marmelade, keine gezuckerten oder mit Honig gesüßten Getränke – und natürlich keine Süßwaren anderer Art. Da Süßigkeiten zumeist auch noch mit Fetten (natürlich den „schlechten") versetzt sind, nimmt man wahre Kalorienbomben und Leistungskiller zu sich.

Diese eine Woche ist daher ein Ausnahmezustand, sozusagen eine einmalige Trainingseinheit, da keinesfalls Heißhungerattacken auf Süßes hervorgerufen werden sollen. Die kommen nämlich, wenn man Süßes kategorisch für immer verbieten möchte.

Und so sehen Ihre vier Basis-Traingstage aus:
- Keine Marmelade, kein Zucker, kein Kuchen, keine Süßigkeiten (es sind ja nur vier Tage); anstelle dessen, wenn Sie das Verlangen nach Süßem packt: ein Stück frisches Obst.
- Keine zuckerhaltigen Getränke, auch die meisten Säfte sind davon ausgenommen (lesen Sie dazu mal das Kleingedruckte auf den Saftflaschen); anstelle dessen viel Wasser und ungesüßte Tees.

3.3 Mentales Training: Überzeugungen verändern

Und weiter geht's in den Seelenhaushalt hinein. Sie kennen Ihren Wertekatalog und Ihr persönliches Stärken- und Schwächenprofíl. Was aber ist es noch, das Sie immer wieder herunterzieht oder Frust auslöst? Entlarven Sie daher negative Botschaften, die ein Mensch im Lauf seines Lebens erlernt und die sich fest einprägen. Wenn Sie es schaffen, Negatives in Positives zu verwandeln, werden Sie ganz von selbst eine Form der Bereicherung bei sich empfinden.

A   Negative Du-Botschaften entlarven
Gehen Sie noch einmal zurück in Ihre Kindheit und Jugend. Welche Du-Botschaften fallen Ihnen spontan ein, positive wie negative. Zum Beispiel „Ich bin froh, so ein hübsches Kind wie Dich zu haben." – „Wenn du weiter so einen Zirkus veranstaltest, werfe ich dich aus dem Auto." – „Du nervst." – „Du schaffst das schon."
Du-Botschaften sind Aussagen, die unsere engsten Bezugspersonen, also Eltern, Lehrer, Geschwister und Freunde treffen und die sich emotional tief in uns verankern. Von den meisten ist man bis heute überzeugt, sowohl von den positiven als auch den negativen.
Notieren Sie auf einem Blatt Papier die positiven Du-Botschaften, auf einem anderen die negativen. Wenn Sie damit fertig sind freuen Sie sich über die positiven Aussagen zu ihrer Person und legen Sie das Blatt beiseite.
Sehen Sie sich jetzt die negativen Du-Botschaften an und überlegen Sie, in welcher Weise sie diese bis heute behindern.

B   *Wir haben in den verschiedensten Lebensbereichen Überzeugungen ver-
innerlicht, die zum Teil negativer Natur sind. Notieren Sie spontan
Überzeugungen, die Ihnen zu den jeweiligen Lebensbereichen einfallen.
In Klammern finden Sie ausschließlich Beispiele für Negativ-Aussagen.*

Ist-Zustand:

Persönlichkeit (z.B.: Ich arbeite zu viel. Ich schlafe zu wenig. Ich trinke zu viel.)

Beruf (z.B.: Ich bin zu alt für eine Karriere.)

Soziales Umfeld (z.B.: Ich brauche keine Freunde.)

Status (z.B.: Der Wagen, den ich fahre, kostet mich jede Menge Geld.
Aber das bin ich mich meinem Image schuldig.)

Soziales Leben (z.B. Ich habe keine Lust mich sozial zu engagieren, ich
habe genug zu tun.)

B   *Verstärken Sie jetzt bei der nächsten Aufgabe diese innerlichen Bremsen,
indem Sie sich ein regelrechtes Horrorszenario dazu ausdenken. Wie entwickeln sich Ihre verschiedenen Lebensbereiche schlimmstenfalls?*

Minus-Zustand:

Persönlichkeit (z.B.: Ich habe kein Privatleben mehr, bin völlig ausgebrannt. Mein Partner wird mich verlassen. Die Scheidung wird mich
finanziell ruinieren. Mein Lebensstandard wird sich radikal verschlechtern.)

Beruf (z.B.: Ich werde demnächst entlassen, weil ich nicht mehr die
notwendigen Leistungen erbringen kann.)

Soziales Umfeld (z.B.: Mich versteht sowieso keiner. Die anderen sind
mir auch einfach zu dumm. Wenn ich irgendwann nicht mehr kann,
nehme ich mir eben den Strick.)

Status (z.B.: In zwei Jahren brauche ich deshalb das Nachfolgemodell.
Dafür werde ich einen weiteren Kredit aufnehmen müssen ...)

Soziales Leben (z.B.: Wenn alle so denken wie ich, dann gäbe es irgendwann keine ehrenamtlichen Helfer. Das kann irgendwann auch mich treffen, zum Beispiel im Alter, wenn ich ganz alleine bin.)

C *Drehen Sie die Aufgabenstellung jetzt um und verändern Sie alle Negativformulierungen aus dem Ist-Zustand ganz bewusst zum Positiven hin. Das ist ein reines Gedankenspiel mit beachtlicher Wirkung. Achten Sie ausschließlich auf positive Formulierungen, ohne "nein" und "nicht".*

Soll-Zustand:

Persönlichkeit (z.B.: Ich muss meine Zeit besser einteilen, mehr für Entspannung sorgen, mich mehr in meine Beziehung einbringen. Das wird mir gut tun.)

Beruf (z.B.: Ich werde mich um Fortbildungen kümmern. Da gibt es sicher etwas, das für mich passt und mit dem ich mein Know How weiter verbessern kann. Ich könnte mir gut so eine Art Mentoring für Nachwuchskräfte vorstellen.)

Soziales Umfeld (z.B.: Einzelkämpfer zu sein, hat durchaus seine Vorteile. Ich möchte aber auch mein soziales Umfeld erweitern und neue Kontakte knüpfen. Das mache ich am besten, wenn ich es mit etwas verbinde, das mir Spaß bringt. Ich wollte schon immer mal wieder Volleyball spielen. Das ist doch eine gute Idee.)

Status (z.B.: Der Wagen, den ich jetzt fahre ist wunderbar. Ich möchte mich aber finanziell entlasten, also sehe ich mich nach einem billigern um. Das Image von günstigeren Marken ist doch teilweise ganz okay. Ich bin schließlich ich und mein Auto ist mein fahrbarer Untersatz.)

Soziales Leben (z.B.: Ich möchte etwas tun, was für die Gesellschaft und vor allem für weniger Privilegierte wichtig ist. Wenn ich gerade zu wenig Zeit habe, kann ich mich zumindest erkundigen, ob ich etwas abgeben kann. Jetzt kann ich das über Geldspenden lösen, wenn ich mehr Zeit habe, über Mentoring.)

3.4. Entspannung: Erarbeiten Sie Ihre persönliche Leistungskurve

Vielleicht waren bei der Übung für mentales Training ja schon Zeitfaktoren mit dabei (Beispiele für negative Botschaften könnten sein „Sie sind immer so langsam ...", „Bei Dir dauert alles immer doppelt so lange wie bei anderen" ...) Überlegen Sie: Sind Ihnen Fehler bei der Zeitplanung unterlaufen? Haben Sie zu wenig Puffer eingebaut? Hat die Klassifizierung in A, B, C oder D noch nicht ganz funktioniert? Das ist alles in Ordnung. Sehen Sie, was ab dieser Woche besser laufen kann und erarbeiten Sie sich Ihre persönliche Leistungskurve. Das wird Ihnen helfen, Ihre Zeitplanung zu optimieren.

4. Woche: Steigerung der Belastung

Jetzt kommen Sie so richtig in Schwung. Während die ersten drei Wochen der Basisbildung dienten, gehen wir in der vierten Woche ein deutliches Stück weiter. Sie haben nun die notwendigen Grundlagen für ein Ausdauer- und Krafttraining, Sie kennen Ihre Position, wissen, was Sie stört, lähmt oder gar abhält erfolgreich zu agieren und Sie haben nun Techniken, mit denen Sie sich entspannen, Ihre Konzentration steigern und Ihre Zeit besser einteilen können. Halten Sie kurz inne und überlegen Sie sich: Tut mir das gut? Fühle ich mich wohl? Wie habe ich in den letzten Wochen geschlafen? Konnte ich mein Essen besser und bewusster genießen? Wie fühlt sich mein Körper an?
Wenn Sie sich an das Programm gehalten haben, werden Sie in der vierten Woche deutlich eine Intensivierung aller Bereiche spüren: Sie werden besser schmecken, sich fitter und straffer fühlen und dem Gebirge von Arbeit und Verpflichtungen gelassener gegenüber stehen, da Sie wissen: Alles kein Problem.

4.1. Bewegung

Nach wie vor sollte das Ausdauertraining intensiv sein; achten Sie darauf, dass Sie schön ins Schwitzen kommen und Ihr Training konsequent durchführen. Das Krafttraining konzentriert sich auf einen flachen Bauch. Nicht um der Schönheit Willen, sondern Ihrer Gesundheit zuliebe.

Wochentag	Puls (Schl./Min.)	Zeit (Minuten)	Bemerkungen
Mittwoch	190 – Lebensalter	20 Minuten	Vielleicht können Sie die 20 Minuten am Abend mit etwas verbinden (Gang zum Postkasten oder kehren Sie anschließend bei Ihrem Lieblingsitaliener ein – aber nur auf ein kühles Glas Wasser mit Zitrone – das löscht den Durst hervorragend ☺).
Samstag	190 – Lebensalter	40 Minuten	Verlängern Sie Ihre Wegstrecke um weitere 5 Minuten – Ihre Leistungsfähigkeit hat sich nach 4 Wochen bereits toll gesteigert.

Kraftübung für Woche 4:

Bauchmuskulatur (M. rectus abdominis)

1. Auf den Petziball setzen, die Beine anwinkeln, die Fußspitzen nach oben ziehen.
2. Den Oberkörper mit geradem Rücken und angespanntem Bauch zurücklehnen, dabei die Arme vor der Brust verschränken. Den Kopf gerade halten.
3. Anfänger 5 Sekunden halten, Fortgeschrittene 10 Sekunden. 3 Serien.

Dehnübung für Woche 4:

Bauchmuskulatur (M. rectus abdominis)

1. Legen Sie sich auf den Rücken und stellen Sie die Beine leicht angewinkelt auf.
2. Nun drücken Sie fest den unteren Rücken auf den Boden und ziehen die Arme seitlich des Kopfes nach oben.
3. 20 Sekunden halten, dabei tief durchatmen. ((Wiederholungen?))

4.2. Ernährung

Thema der Woche: kein Alkohol

Das Weglassen jeglichen Alkohols an den Basistagen ist ebenfalls als Übung anzusehen und nicht als apodiktisches Verbot. Auch hier soll eine Umgewöhnung durch bewussten Verzicht erreicht werden. Viele Menschen nehmen nämlich täglich Alkohol zu sich. Das mag nicht weiter schlimm sein, handelt es sich dabei ja „nur" um ein bis zwei Gläschen Wein oder ein bis zwei Bier. Aber genau darin liegt der Hund begraben: Alkohol hat schlicht und ergreifend eine Menge Kalorien. Außerdem enthält gerade Bier Maltose, also ein Zucker der das Insulin nach oben treibt.

- Kein Alkohol.
- Anstelle des Alkohols dürfen Sie in dieser Woche das „Zuckerprogramm" durchführen. Sie dürfen eine Tagesration von 150 Kalorien in Form von Süßwaren zu sich nehmen; das entspricht einer Menge von ca. 38 Gramm Zucker. Die sind erhalten in
- 13 Gummibärchen und 1 Teelöffel Marmelade
- 1 Glas Limonade und 2 Butterkekse
- 1 kleines Früchtejoghurt und 1 Schokoriegel
- ca. 3 Hand voll gezuckerter Corn flakes und 1/4 Liter gesüßtes Getränk (Fruchtsaft, Limonade etc)
- 5 Stückchen Schokolade
- 45 Gramm Obstkuchen und 1 Teelöffel Honig

4.3. Mentales Training: Eine neue Zielsetzung entwerfen

Nun ist es Zeit, neue Ziele zu entwickeln und diese aktiv anzugehen. Die notwendigen Energien dafür haben Sie dank der regelmäßigen Bewegung und der umgestellten Ernährung gewonnen; die mentalen Grundlagen – wie Zeit, Motivation und positive Lebensenergie – haben Sie sich ebenfalls bereits erarbeitet.

Ein erfolgreiches Leben besteht aus mehr als einem gut gefüllten Bankkonto. Schließlich stehen wir ja auch nicht nur als Berufstätige in diesem Leben, sondern auch als Männer, Frauen, Eltern, Freizeitmenschen und soziale Wesen. Alle diese Säulen sollten unterfüttert werden, um ein ausgeglichenes Leben führen zu können. Denken Sie bei Ihrer Zieldefinition auch daran, dass zwischen diesen Bereichen im besten Fall eine Balance herrscht. Folgende Fragestellungen können Ihnen bei der Klärung Ihrer Prioritäten helfen:

- Ziele für mich selbst:
  Ich möchte für meine Gesundheit folgendes tun:
  Folgendes will ich noch lernen:
  Diese Fähigkeiten will ich verbessern:

- Meine beruflichen und wirtschaftlichen Ziele:
  Ich möchte pro Jahr .... Euro verdienen.
  Ich möchte in der jetzigen Firma bleiben, weil ...
  Ich möchte die folgende Position erreichen, weil ...
  Ich möchte mich selbstständig machen, weil ...

- Mein Ziele für mein Privat- und Familienleben:
  Folgendes kann ich an meiner Beziehung verbessern:
  Ich möchte, dass meine Beziehung folgendermaßen aussieht:
  Ich möchte Kinder, weil ...
  Ich mag Kinder, weil ...
  Ich möchte, dass mein eigenes Familienleben folgendermaßen aussieht:
  Ich möchte, dass die Beziehung zu meiner Herkunftsfamilie/meinen Eltern sich folgendermaßen gestaltet:
  Ich möchte, dass mein Freundeskreis folgendermaßen aussieht:

- Ziele für mich als Privatmensch:
  Folgende Hobbys gefallen mir:
  Diese Reisen möchte ich noch unternehmen:
  So soll mein Traumhaus aussehen:
  So sieht mein Lieblingsauto aus:
  Kulturelle Veranstaltungen sollen in meiner Freizeit folgenden Stellenwert haben:

- Ziele für mich als soziales Wesen:
  Folgendes kann ich für die Gesellschaft leisten:
  Folgendes kann ich für die Umwelt tun:
  So kann ich zu einem Vorbild für jüngere Menschen werden:

4.4. Entspannung: Pflegen Sie Ihre Partnerschaft bzw. Familie

Wenn alles gut gelaufen ist, sind Sie jetzt langsam wieder Herr Ihrer Zeit und dank eines regelmäßigen Sport- und Entspannungsprogramms besser in Form. Wie verliefen die ersten Partnerschaftstermine? Wenn Sie und Ihr Partner das Gefühl haben, Sie sind auf dem richtigen Weg, gönnen Sie sich doch ein gemeinsames Wochenende. Sollten Sie kleine Kinder haben, sorgen Sie für einen Babysitter und suchen ein schönes Ziel für sich und Ihren Partner aus. Vielleicht hatten Sie ja auch schon längst einmal vor, an einen bestimmten Ort zu reisen. Jetzt ist der richtige Zeitpunkt dafür. Wenn Sie größere Kinder haben, dann planen Sie doch für das Wochenende einen Ausflug in die nähere Umgebung.

5. Woche: Steigerung der Belastung

Weiter geht's. Sie sind gut trainiert – körperlich und mental –, so dass Ihnen weitere Belastungseinheiten nicht sonderlich schwer fallen werden. Der Mensch will gefordert sein. Wichtig ist, jetzt nicht einzubrechen. Bleiben Sie bei der Stange – hören Sie auf Ihren Körper, er wird Ihnen das bestätigen.

5.1. Bewegung

Sie sind nun in der Lage, Ihre Ausdauereinheiten gut durchzuführen. Haben Sie es gemerkt? Die Puste geht Ihnen nicht mehr so schnell aus. Lunge und Herz haben sich an das wöchentliche Pensum gewöhnt; Sie haben bereits einiges an Fetten ab und zu Muskeln umgebaut. Ihr Grundumsatz hat sich verbessert.

Auch was die Kraft anbelangt, ist das Basistraining – unterer Rücken, Bauch und seitliche Rumpfmuskulatur – nun beendet. Jetzt geht es an die allgemeine Haltung. Mit einem trainierten Rückenstrecker erhalten Sie ganz automatisch eine aufrechte Körperhaltung. Außerdem beugen sie Verspannungen, die gerade bei vermehrter sitzender Tätigkeit entstehen, vor.

Wochentag	Puls (Schl./Min.)	Zeit (Minuten)	Bemerkungen
Mittwoch	190 – Lebensalter	40 Minuten	Nun können Sie auch Ihre beiden Trainingseinheiten am Wochenende absolvieren – und haben die ganze Woche frei, denn Ihre Regenerationsfähigkeit hat sich bereits verbessert.
Samstag	190 – Lebensalter	30 Minuten	Haben Sie es einmal mit einer Walking-Runde vor dem Frühstück versucht? Trinken Sie vor dem Start ein großes Glas Wasser und genießen Sie anschließend Ihr Vitalfrühstück auf der Terrasse.

Kraftübung für Woche 5:

Ganzer Rückenstrecker (M. latissimus dorsi, breiter Rückenmuskel und M. erector spinae, Rückenstrecker)

1. Legen Sie sich mit dem Bauch auf den Petziball, strecken Sie die Beine durch und stellen die Füße rechtwinklig auf.
2. Dann heben Sie den Oberkörper mit samt den angewinkelten Armen, lassen dabei aber den Rücken gerade. Der Kopf ist die Verlängerung der Wirbelsäule, das heißt nicht auf die Brust fallen lassen oder ins Genick legen. Die Finger durchstrecken.
3. Zwischen 8 bis 15 Wiederholungen sind – je nach Trainingsstand – angesagt.

Eine Steigerung erreichen Sie, indem Sie die Arme durchstrecken und den Oberkörper lang nach vorne ziehen.

Dehnübung für Woche 5:

Ganzer Rückenstrecker (M. latissimus dorsi, breiter Rückenmuskel und M. erector spinae, Rückenstrecker)

1. Setzen Sie sich mit locker gebeugten Beinen auf den Boden und beugen den Oberkörper mit rundem Rücken vor. Führen Sie dabei die Hände zwischen die Beine und fassen Sie Ihre Fußgelenke.
2. Jetzt ziehen Sie den Bauch nach innen und pressen den runden Rücken nach außen. Dabei öffnen sich die Schulterblätter.
3. 20 bis 30 Sekunden halten.

5.2. Ernährung

Thema Zwischenmahlzeiten

Sollten Sie sie noch benötigen, dann versuchen Sie, darauf zu verzichten. Zwischenmahlzeiten sind seit einiger Zeit ernährungswissenschaftlich „out". Sie bedingen nur einen für den Körper belastenden Anstieg des Blutzuckers. Sollte es gar nicht „ohne" gehen, dann greifen Sie zu frischem Obst oder getrockneten Früchten.

Und so sieht es aus:

- Ein ballaststoffreiches Frühstück (siehe 2. Woche) sättigt Sie bis Mittag.
- Der oft am Nachmittag einschleichende Hunger sollte mit Obst oder einer anderen Powereinheit gestillt werden: ein Naturjoghurt mit Banane gibt Ihnen alles, was Sie brauchen.
- Frische Beeren sind Energielieferanten fürs Gehirn; als Nachtisch am Mittag oder als Zwischenmahlzeit, wenn's nicht anders geht, sind sie hervorragend geeignet, die Leistungslücke im Gehirn zu schließen.
- Versuchen Sie auch an Mittag und am Abend Ballaststoffen den Vorzug zu geben – viel faserreiches Gemüse und Vollkornprodukte.
- Vergessen Sie nicht zu trinken: Ballaststoffe brauchen Flüssigkeit zu ihrer Entfaltung.

5.3. Mentales Training: Mein neues Selbstbild

Betrachten Sie sich im Spiegel. Sehen Sie die Änderung? Natürlich verliert kein Mensch etliche Pfunde in einem Monat. Aber eines ist sicher: Sie stehen mit aufrechter Haltung und strahlenden Augen vor dem Spiegel. Sie gefallen sich wieder besser, selbst wenn Sie Ihrem Wunschbild (noch) nicht hundertprozentig entsprechen.

Bauen Sie darauf Ihr neues Selbstbild auf: Das „Inner Image", das Bild, das wir von uns selbst im Unterbewusstsein tragen, bestimmt unser ganzes Leben. Das müssen Sie sich immer wieder vor Augen halten. Es reicht nicht, von anderen zu erwarten, sie mögen den wahren Kern in Ihnen entdecken und Ihre Stärken aufspüren. Wenn Sie eine pessimistische oder deprimierte Grundhaltung haben, geht Ihr Gegenüber in der Regel auf Abstand oder Sie sprechen als hilfsbedürftiges Wesen sein Mitgefühl an. So wie Sie sich selbst sehen, wirken Sie auch auf andere und – so sind Sie letztlich auch. Nach der Lektüre der letzten Seiten haben Sie einige hochwirksame Strategien an der Hand Ihren Auftritt, Ihr Selbstbild zu verbessern.

Who is Who

Versuchen Sie auf einem Blatt Papier ein Selbstporträt zu verfassen, in dem Sie ausschließlich auf sich als erfolgreiche Person eingehen. Beachten Sie dabei die Bereiche Partnerschaft und Familie, Beruf und Finanzen sowie Freizeit und Hobby. Worin sind Sie gut? Welche Fähigkeiten ruhen in Ihnen? Worauf können Sie stolz sein? Nehmen Sie ruhig auch Kleinigkeiten auf. Notieren Sie, wie Sie mit diesen Fähigkeiten Ihre Ziele umsetzen werden, warum Ihnen das gelingen wird.

5.4. Entspannung: Reaktivieren Sie alte Freundschaften

Blättern Sie doch einmal in Ihren Erinnerungen, mit wem Sie sich in der Schule immer gut verstanden haben, wer während der Ausbildung viel mit Ihnen zusammen war oder wen Sie in letzter Zeit im Berufsleben kennen gelernt haben, der Ihnen sympathisch ist und der Ihr Vertrauen verdienen könnte. Rufen Sie an, vereinbaren Sie ein Treffen mit alten Freunden und tauschen Sie sich darüber aus, was aus ihnen geworden ist und wie es ihnen geht. Mit jüngeren Bekanntschaften ist es schwieriger, gleich einen so vertrauten Ton zu finden, doch vielleicht können Sie sich auf ein Bier verabreden. Versuchen Sie im Gespräch eine vertrauensvolle Atmosphäre entstehen zu lassen.

6. Woche: Festigung des erreichten Fitnesslevels

Sie haben eine ganze Menge erreicht. Diese Woche gilt der Konsolidierung. Steigerungen sind jetzt eher nicht angesagt. Führen Sie Ihre Trainingsprogramme mit der gleichen Intensität durch. Sie werden Ihre Leistungssteigerung deutlich merken – und Sie werden das mit Freude erleben.

6.1. Bewegung

Führen Sie Ihre Ausdauereinheiten locker durch. Wichtig: tief Atmen. Nehmen Sie Ihre Umwelt, die Natur wahr. Die aktuelle Kraftübung zur Festigung der Brustmuskulatur verhindert hängende Schultern, eine eingefallene Haltung und den Blick nach unten.

Wochentag	Puls (Schl./Min.)	Zeit (Minuten)	Bemerkungen
Mittwoch	190 – Lebensalter	40 Minuten	Ein erstes Grundniveau an Fitness haben Sie nun erreicht. Herzlichen Glückwunsch. Die nächsten beiden Wochen brauchen Sie Ihre Einheiten nicht weiter zu steigern.
Samstag	190 – Lebensalter	40 Minuten	Ein sonntäglicher Abendspaziergang in etwas zügigerem Tempo – und Sie sind weiter auf dem besten Weg zu mehr Leistung und Fitness.

Kraftübung für Woche 6:

Brustmuskulatur (M. pectoralis major)

Liegestütze mit dem Petziball

1. Gehen Sie in den Kniestand und stützen dabei die Hände auf dem Petziball ab.
2. Jetzt die Unterschenkel abheben und den Oberkörper gestreckt nach vorne bringen. Die Arme dabei anwinkeln. Bauch und Rücken gerade halten.
3. Anfänger sollten 8 bis 16 Wiederholungen, Fortgeschrittene zwischen 8 bis 24 Wiederholungen durchführen.

Dehnübung für Woche 6:

Brustmuskulatur (M. pectoralis major)

1. Mit dem Gesicht zur Wand stellen und einen Arm angewinkelt an die Wand legen. Die Fußspitzen zeigen zur Wand.
2. Den Oberkörper vom Arm wegdrehen, bis Sie ein Ziehen im Brustmuskel verspüren.
3. 20 bis 30 Sekunden halten, dann Armwechsel.

6.2. Ernährung

Thema der Woche: Eiweiß – Power pur

Das haben Sie nun nötig: Powerstoffe für die neu entstandenen Muskeln und fürs Gehirn. Natürlich haben Sie in den vergangenen Wochen Eiweiß zu sich genommen. Diese Woche aber steht Eiweiß als Sonderthema auf dem Programm. Denn Muskeln brauchen Nahrung. Und die sollen sie auch bekommen:

- Milchprodukte zum Frühstück: das Müsli mal mit Quark oder Sojamilch anreichern; oder ein Frühstücksei mit Vollkornbrot und Quark.
- Mittags oder abends – je nach Tagesablauf – ein Steak mit Salat

- Die andere Mahlzeit mit Hülsenfrüchten – Bohnen, Sojabohnen, Erbsen – gestalten.
- Und natürlich die „guten" Fette nicht vergessen und das Weißmehl von sich fern halten.

6.3. Mentales Training: Mentales Fitnessprogramm

Der Blick in eine andere Richtung macht die Gedanken frei. Gehen Sie sooft wie möglich an die frische Luft. Gedächtnisschwächen und Konzentrationsschwierigkeiten sind oft nur Symptome von Übermüdung oder zu viel Stress. Sollten Sie häufig unter Konzentrations- und Gedächtnislücken leiden, müssen Sie etwas tun. Sie können klärende Gespräche führen, Entspannungsübungen praktizieren, die Stressfaktoren so gut es geht vermeiden oder auch psychotherapeutische Hilfe in Anspruch nehmen. Lernen Sie, abzuschalten und loszulassen – auch wenn Ihnen das anfangs schwer fallen mag. Auch Ihr Gedächtnistraining sollten Sie immer entspannt beginnen. Nehmen Sie eine Auszeit, in der Sie nicht gestört werden, schließen Sie Ihre Augen und zählen Sie beim Ein- und Ausatmen jeweils langsam bis fünf. Oder greifen Sie auf alt bewährte Entspannungsmethoden wie Autogenes Training, Yoga, progressive Muskelentspannung nach Jacobson oder Meditation zurück.

Checkliste: Meine persönliche mentale Fitness

Für jede richtige Lösung erhalten Sie einen Punkt, für eine falsche keinen.

A *Drei unterschiedliche Wege führen zu Ihrem Arbeitsplatz. Welche Variante wählen Sie?*

- Ich nehme hin und zurück immer den gleichen.
- Mal so, mal so. Ich wähle ohne Regelmäßigkeit aus beiden Möglichkeiten.
- Ich gehe hin immer den einen, zurück immer den anderen. Den dritten nutze ich nie.

(Lösung 2: Flexibilität hält den Geist auf Trab. Berechenbarkeit macht ihn müde. Spontane Entscheidungen mit variierenden Sinneseindrücken veranlassen auch Ihre Gedanken, andere Weg einzuschlagen.)

B   *Sie haben von Freunden eine neue Telefonnummer bekommen. Was passiert?*
- Ich speichere sie sofort auf meinem Handy ab.
- Ich notiere sie auf einem Zettel, den ich nach zwei Tagen nicht mehr finde.
- Ich notiere die Nummer in meinem Telefonbuch, versuche aber auch, die Zahlen auswendig zu lernen.

(Lösung 3: Bequemlichkeit macht müde im Kopf. Wer auch mal in den Seiten seines Gedächtnisses blättert, statt den Handyspeicher zu bemühen, hält seinen körpereigenen Zahlenspeicher auf Trab.)

C   *Von Ihrem Gesprächspartner wird Ihnen eine ganze Reihe unbekannter Leute vorgestellt. Wie reagieren Sie?*
- Ich versuche, mir gleich bei der Vorstellung die Namen zu merken.
- Ich denke: „Oh Gott, das kann ich mir nie merken."
- Ich konzentriere mich auf meinen Gesprächspartner, das genügt.

(Lösung 1: Die meisten von uns haben Probleme damit, sich neue Namen zu merken. Blockieren Sie jedoch nicht schon zu Anfang Ihre Wahrnehmung. Versuchen Sie es mit dem Training von Merktechniken in stressfreien Situationen, beispielsweise im Freundeskreis, dann sind Sie im Berufsleben besser gewappnet.)

D   *Sie gehen einkaufen und stellen fest, dass Ihr Zettel zuhause liegt. Was machen Sie?*
- Ich versuche, die einzelnen Posten zu rekonstruieren.
- Ich fahre sofort nach Hause und hole den Zettel.
- Ich werfe alle Pläne über Bord und verschiebe den Einkauf.

(Lösung 1: Drehen Sie das nächste Mal den Spieß um und lassen den Zettel ganz bewusst zu Hause. Es tritt der „Spickzettel-Effekt" ein. Denn das was darauf steht, wissen Sie sowieso. Machen Sie die Methode zum System. Die Punkte aufschreiben (visualisieren) und aus dem Gedächtnis rekonstruieren. Auch wenn Sie zu Beginn noch das ein oder andere vergessen, Sie werden von Woche zu Woche besser.)

E   *Sie hören einen guten Witz und wollen ihn sich merken. Was tun Sie?*
- So gut wie der ist, kann ich ihn mir locker merken.
- Ich kann mir leider keine Witze merken.
- Ich erzähle ihn bei nächster Gelegenheit weiter.

(Lösung 3: Unser Langzeitgedächtnis arbeitet nicht automatisch. Es muss geschult und trainiert werden. Einen Witz können wir uns deshalb besser merken, je öfter wir ihn weitererzählen.)

F   *Sie werden überraschend mit einer neuen Situation in einer Gesprächsrunde konfrontiert. Was spielt sich in Ihrem Kopf ab?*
- Ich verstehe nur Bahnhof.
- Ich kann mich meist sofort an der Diskussion beteiligen.
- Ich bin erst mal dagegen.

(Lösung 2: Jeder Mensch hat bestimmte Denkschemata und lässt sich unterschiedlich gern auf Neues ein. Die Fähigkeit in neuen Bahnen zu denken, hat aber grundsätzlich jeder. Es ist daher eher eine Frage des Wollens.)

G   *Welche Bücher liegen auf Ihrem Nachttisch?*
- Alles kreuz und quer. Mal Belletristik, mal Sachbuch, mal Lyrik.
- Ehrlich gesagt: keine
- Die regionale Tageszeitung.

(Lösung 1: Die Gehirnstruktur ist bei Kleinkindern noch durch Nervenstränge in alle Richtungen geprägt. Im Laufe unseres Lebens lernen wir durch Erfahrung, Förderung und Ausbildung verschiedene Schwerpunktbildungen – auch im Gehirn. Umso wichtiger ist es für ein gut arbeitendes Gedächtnis auch die weniger benutzten Strukturen aktiv zu halten bzw. wieder zu beleben. Probieren Sie zum Beispiel auch einmal als Rechtshänder alltägliche Tätigkeiten mit der linken Hand zu verrichten.)

H   *Sie sind in einer unbekannten Stadt trotz Stadtplan mit dem Auto falsch abgebogen. Wie finden Sie sich zurecht?*
- Ich lasse das Auto gleich stehen und fahre mit öffentlichen Verkehrsmitteln.
- Ich lasse mich abholen.
- Ich schaue nochmals in den Plan und erfahre dadurch die Wege durch die Stadt.

(Lösung 3: Sehr viel Lebenserfahrung entsteht durch learning by doing. Säuglinge und Kleinkinder erlernen ausschließlich durch Nachahmung und Austesten. Auch im Erwachsenenalter geht das besser als manche denken. Nehmen Sie derartige Herausforderungen an! Wenn Sie nach 30 Minuten noch nicht am Ziel sein sollten, können Sie immer noch zwischen den verbliebenen Möglichkeiten wählen.)

*I   Nach einem Kneipenabend möchten Sie die Rechnung im Kopf über-
schlagen. Wie ergeht es Ihnen?*
● Ich schaffe es, den gerundeten Betrag ohne Schwierigkeiten zu
überschlagen.
● Ich gebe entnervt nach dem vierten Posten auf.
● Ich hole Stift und Zettel. Im Kopf geht das nicht.
(Lösung 1: Kopfrechnen ist reine Trainingssache. Machen Sie durch
Mitrechnen beim Bezahlen Ihren Kopf fit.)

J   Sie sitzen in einem Kreativ-Meeting. Welche Rolle spielen Sie dabei?
● Ich mache den Protokollführer – das kann ich am besten.
● Ich bin sehr kreativ. Brainstorming liegt mir.
● Ich übernehme den Telefondienst. Kreativmeeting ist nichts für
mich.
(Lösung 2: Menschen handeln heute häufig ausschließlich logisch.
Doch auch wilde Gedanken bringen einen weiter. Nicht umsonst gibt
es spezielle Brainstorming-Runden, die losgelöst vom Tagesgeschäft,
neue Ideen entwickeln. Das macht Spaß und eröffnet neue Wege! Tes-
ten Sie diese Methode doch auch einmal in Ihrem Privatleben.)

Zählen Sie nun zusammen, wie viele Punkte Sie haben und sehen Sie
sich die nachstehende Auswertung an.
0–3 Punkte Sie tun sich etwas schwer, Ihren Geist auf Trab zu bringen.
Versuchen Sie doch einmal, aus eingefahrenen Strukturen herauszukommen und etwas völlig Neues zu machen. Warum nicht? Wenn Sie
Hemmungen haben, sich mal einen Roman statt der Fachliteratur zu
kaufen, leihen Sie sich das Buch erst einmal in der Bücherei aus. Überraschen Sie sich selbst mit einer ganz neuen Seite und staunen Sie, was
da alles möglich ist!

4–6 Punkte Sie sind ein fleißiger Arbeiter, der sich in gewissen, manchmal noch zu engen Grenzen bewegt. Aber grundsätzlich hätten Sie es
drauf. Warum also nicht starten und sich und Ihre Umwelt überraschen!

7–10 Punkte Sie wissen, wie Sie Ihren Kopf fordern und fördern. Gut
so! Auch wenn Ihre Umwelt manchmal mit Ihren Kapriolen nicht
konform geht, so wissen Sie, was alles möglich ist und setzen Sie dieses Wissen auch um. Machen Sie weiter so!

6.4. Entspannung: Nehmen Sie sich Zeit für sich selbst

Jeder Mensch hat ein Steckenpferd oder ein Hobby, für das meist zu wenig Zeit übrig bleibt – die neue CD Ihrer Lieblingsband, die Sie sich in Ruhe von vorne bis hinten anhören möchten, ein Film, den Sie schon lange einmal anschauen wollten oder ein Buch, das seit Wochen unberührt auf dem Nachtkästchen liegt und darauf wartet, von Ihnen gelesen zu werden. Sie können aber auch bildhauern, in einer Band spielen, Gleitschirmfliegen lernen oder sich irgendetwas anderes vornehmen, was Sie gerne, aber eben viel zu selten tun. Warum immer auf die lange Bank schieben – Zeit hat man nicht, man nimmt sie sich!

7. Woche: Festigung des erreichten Fitnesslevels

In dieser letzten Woche des 7-Wochen-Programms sollen sämtliche Punkte bei Ihnen in Körper und Geist gefestigt werden. Es ist für Sie nun selbstverständlich, regelmäßige Bewegungseinheiten an der frischen Luft zu haben. Ihr Krafttraining ist Ihnen eine liebe Bereicherung geworden. Ihre Ernährung haben Sie im Griff: Wird mal über die Stränge geschlagen, dann ist eben an den nächsten Tagen wieder Powerfood angesagt. Ihre Zeiteinteilung bestimmen Sie und Entspannungs- und Konzentrationstechniken sorgen bei plötzlicher Ermattung für neue Fitness.

7.1. Bewegung

Ihre Beine haben in den letzten Wochen dank der Ausdauereinheiten eine gute Muskulatur entwickelt. Ober- und Unterschenkel sind nun deutlich definierter und gefestigter. Sie werden daher erst jetzt mit Kraftübungen zusätzlich gefordert.

Wochentag	Puls (Schl./Min.)	Zeit (Minuten)	Bemerkungen
Mittwoch	190 – Lebensalter	40 Minuten	Beziehen Sie Ihren Partner weiter mit in Ihr Training ein. Mit einem Verbündeten geht es gleich viel leichter.
Samstag	190 – Lebensalter	40 Minuten	Inzwischen ist Ihr Training am Wochenende schon Routine. Sie haben viel geschafft.

Kraftübung für Woche 7:

Oberschenkelmuskulatur (M. quadrizeps)

1. Den Petziball mit dem Rücken gegen die Wand drücken.
2. Langsam in die Kniebeuge gehen, bis Unter- und Oberschenkel im 90°-Winkel zueinander stehen. Kurz halten, dann wieder in die Ausgangsposition zurückbewegen.
3. 10 Serien

Dehnübung 1 für Woche 7:

Oberschenkelmuskulatur (M. quadrizeps femoris)

1. Stehen Sie aufrecht, die Beine hüftbreit geöffnete, die Fußsitzen zeigen nach vorne. Zum Stabilisieren können Sie sich mit einer Hand an Türe oder Türrahmen festhalten.
2. Ein Bein mit Hilfe einer Hand zum Gesäß ziehen, dabei gleichzeitig die Hüfte leicht nach vorne schieben. Gleichmäßig atmen und halten.

3. 20 bis 30 Sekunden halten, dann Beinwechsel.

Dehnübung 2 für Woche 7:

Hintere Oberschenkelmuskulatur (M. biceps femoris)

1. In die leichte Schrittstellung mit leicht gebeugten Beinen gehen. Den Oberkörper mit geradem Rücken nach vorne beugen, dabei das Gesäß nach hinten schieben – ausatmen.
2. Lassen Sie das vordere Bein gebeugt und strecken nun das hintere Bein langsam durch, dabei die Fußspitze nach oben ziehen – gleichmäßig weiteratmen.
3. 20 Sekunden halten, dann Seitenwechsel.

Dehnübung 3 für Woche 7:

Wadenmuskulatur (M. gastrocnemius)

1. In den leichten Ausfallschritt gehen, dabei stützen die Hände seitlich ab. Der hintere Fuß steht ganz auf dem Boden, die Fußspitze zeigt nach vorne.
2. Das hinter Bein langsam durchstrecken, dabei die Hüfte nach vorne unten schieben. Der Rücken wird dadurch gerade. Sie verspüren ein Ziehen in der Wade.
3. 20 Sekunden halten, dabei gleichmäßig atmen. Sollte die Dehnspannung zu gering sein, die Schrittstellung etwas erweitern.

7.2. Ernährung

Thema der Woche: Kohlenhydrate nur bis 18.00 Uhr

Der Verzicht auf Nahrungsmittel nach 18.00 Uhr wird nach den neuesten Forschungsergebnissen aus den Ernährungswissenschaften empfohlen. Man hat detaillierte Ergebnisse hinsichtlich der Stoffwechselprozesse im menschlichen Körper gewonnen und ist zu dem Resultat gekommen, dass die optimale Fett- und Kohlenhydratverbrennung nachts erfolgt, allerdings nur dann, wenn man nichts mehr zu sich genommen hat. Zwischen 60 bis 70 Prozent der Fette und bis zu 30 Prozent der Kohlenhydrate werden verstoffwechselt, während wir schlafen.

Genießen Sie vor 18.00 Uhr eine gute Mahlzeit mit Fisch und Salat oder auch ein gebratenes Steak und Salat. Aber danach gibt es – außer Wasser – nichts mehr. Versuchen Sie das an den vier Basistagen durchzuhalten – je öfter Ihnen das gelingt umso besser. Der Erfolg wird Sie umwerfen – sowohl sichtbar auf der Waage als auch leistungsmäßig am nächsten Tag.

Ansonsten gelten die Ernährungsstrategien der vorigen Wochen.

7.3. Mentales Training: Gedächtnistraining für jeden Tag

Dass das Training des Gedächtnisses hilfreich ist, ist mittlerweile erwiesen. So ist schon das reine Auswendiglernen eines Gedichtes eine Art Gehirnjogging, das die Konzentrations- und Gedächtnisfähigkeit allgemein steigert.

Aber der Mensch merkt sich vieles nur mit Hilfe der Fantasie: Mittels Bilder und Geschichten assoziieren wir Dinge und speichern sie entsprechend ab. Um die 10 000 Bilder sind im menschlichen Gehirn vorrätig. Diese zum richtigen Zeitpunkt wieder abzurufen, ist lediglich eine Frage des Trainings. Lassen Sie Ihrer Fantasie also freien Lauf.

- Steigern Sie Ihre Bilder ins Absurde. Wenn Sie z.B. immer wieder vergessen, Ihr Auto abzuschließen, stellen Sie sich von nun an Ihr Auto mit einem Riesenschlüssel auf dem Kofferraum vor. So werden Sie unbewusst immer daran erinnert, Ihr Auto abzuschließen, sobald Sie es vor Augen haben.
- Denken Sie in bewegten oder dreidimensionalen Bildern. Das menschliche Gehirn kann sich daran besser erinnern als an Standbilder.
- Bringen Sie System in Ihre Informationen. Bilden Sie Gedankenkategorien. Zum Beispiel: Die belgische Flagge enthält die gleichen Farben wie die deutsche, nur in einer anderen Reihenfolge und senkrecht gestreift.
- Denken Sie auf mehreren Sinnesebenen. Müssen Sie beispielsweise noch Wein für das Candlelight Dinner einkaufen, stellen Sie sich nicht nur die Flasche oder das Etikett vor, sondern fühlen Sie den Geschmack des Weins. Wetten, dass Sie den guten Tropfen bei Ihrem Einkauf nicht vergessen?

Assoziationssysteme

Diese Klassiker unter den Memoriertechniken setzten bereits die römischen Senatoren für Ihre oft stundenlangen Reden im Kapitol ein. Wählen Sie unter den folgenden drei Assoziationsmodellen, mit denen Sie sich leicht und effektiv eine große Zahl von Einzeldaten schnell und in der richtigen Reihenfolge merken können, das für Sie passende aus.

A Kettengeschichten

Diese Methode bildet die Grundlage aller Assoziationssysteme, nämlich das kettenartige Verknüpfen von Einzelinformationen. Dazu denken Sie sich eine geeignete Geschichte aus. Je verrückter, desto besser! Ideal ist diese Technik bei Vorträgen und freien Reden.

B An den Haken hängen

Wenn Sie sich eine längere Reihe von schwierigen Wörtern merken sollen, ist diese Methode hilfreicher. Dazu legen Sie sich eine "geistige Garderobe" zurecht, an der Sie die einzelnen Wörter dann nur noch aufhängen müssen. Die Garderobe besteht aus den Zahlen Eins bis Zehn und Begriffen, die sich auf diese Zahlwörter reimen, z.B. Eins ist Heinz, Zwei ist Heu, Drei ist Brei, Vier ist Stier usw. Dieses Muster merken Sie sich gut und verändern es nicht mehr. Wenn Sie sich nun verschiedene Begriffe merken müssen, brauchen Sie diese nur noch an der „geistigen Garderobe" aufzuhängen.

Sollten Sie mehr als zehn Begriffe in einer bestimmten Reihenfolge miteinander verknüpfen wollen, verbinden Sie Ihre Garderobe zusätzlich mit Farben. Zum Beispiel Gelb für die Zehner, Rot für die Zwanziger, Grün für die Dreißiger usw. Dann stünde rotes Heu für 22, grüner Heinz für 31 usw.

C Die Loci-Methode – der geistige Spaziergang

Die Ort-Assoziation ist eine der ältesten Mnemotechniken. Dinge oder Begriffe, die Sie auf keinen Fall vergessen wollen – z. B. während eines Vortrags – verknüpfen Sie im Geiste ganz einfach mit Ihnen vertrauten Stellen. So müssen Sie diese Stellen dann nur noch in Gedanken durchgehen und schon erinnern Sie sich an jede Einzelheit.

Stellen Sie sich z.B. Ihr Wohnzimmer vor. Sicher haben Sie dort markante Gegenstände wie Fenster, Sessel, Sofa, Couchtisch, Fernseher, HiFi-Anlage usw. An diesen Punkten setzen Sie nun in Gedanken die Begriffe, die Sie sich merken wollen. Diese innere Landkarte können Sie jederzeit abrufen.

D Landkarte der Gedanken – Mind Mapping

Die meisten Menschen setzen im Alltag vor allem ihre linke Gehirnhälfte, die für logisches und analytisches Denken verantwortlich ist, ein. Die rechte Gehirnhälfte dagegen ist für Fantasie, Kreativität, Intuition, Farben und Poesie zuständig und kommt oft zu kurz. Der Engländer Tony Buzan erfand eine Methode, mit der Sie die Ideen zu einer Fragestellung oder einem Problem sinnvoll ordnen sowie Ihre Assoziationsfähigkeit und Kreativität fördern können. Dazu nehmen Sie ein weißes Blatt Papier. In die Mitte schreiben Sie den Hauptgedanken. Von hier aus zweigen Sie nun Äste ab, jeweils versehen mit einem Schlüsselbegriff zum Thema – und zwar ganz spontan und egal, wie absurd es bei näherer Betrachtung vielleicht wirken mag. Von diesen Ästen gehen dann weitere Verzweigungen ab, auf die Sie wiederum Begriffe schreiben, die Sie damit verbinden usw.

Probieren Sie Mind Mapping mehrmals aus und Sie werden sehen, dass Ihre Gedächtnislandkarten übersichtlicher werden. Diese Methode kann Ihnen bei Planungen jeglicher Art, der Zusammenfassungen von Texten, zur Ideenfindung, zum Brainstorming in der Gruppe, für Gliederungen oder als Notizen für wichtige Gespräche gute Dienste erweisen.

Machen Sie Ihre Konzentrationsfähigkeit fit

Eine gute Konzentration ist der direkte Weg zum Gedächtnis. Im Alltag lenken uns meist viele Dinge ab. Zwar kann unser Gehirn viele Inputs auf einmal verarbeiten. Doch wenn es zu viel wird, können wir uns keiner Aufgabe konzentriert widmen.

Trainieren Sie jeden Tag:

- Versuchen Sie, bei bestimmten Fragen oder Problemen Ihren Blick auf das Wesentliche zu richten, zu fokussieren. Lernen Sie, sich nur auf die momentane Aufgabe oder Tätigkeit zu konzentrieren und alle ablenkenden Gedanken, Geräusche und Störungen zu ignorieren.
- Finden Sie Ihr geparktes Auto leichter wieder, indem Sie sich Fixpunkte in der unmittelbaren Umgebung merken – eine Plakatwand, ein Kiosk oder einen Brunnen.
- Schärfen Sie Ihre Sinne, indem Sie beim Musikhören genau auf den Rhythmus und die verschiedenen Instrumente achten. Oder schauen Sie aus dem Fenster und versuchen Sie, draußen so viele Details wie möglich wahrzunehmen.

- Nehmen Sie eine alte Zeitung und streichen Sie fünf Minuten lang zügig bestimmte Buchstaben an – z.B. jedes „A" oder „M". Sie werden gerade anfangs sicher einige auslassen. Aber mit jedem Üben werden Sie besser!

- Oder streichen Sie alle Wörter an, in denen ein Buchstabendoppel (z.B. „mm" oder „nn") auftritt oder in denen zweimal der gleiche Buchstabe vorkommt (z.B. das „a" in Waschlappen). Trainieren Sie auf Zeit und versuchen Sie, schneller zu werden.

- Sie können sich Zahlen bzw. Zahlenkombinationen schlecht merken? Prägen Sie sich Telefonnummern im Zweier- oder Dreierrhythmus ein. So wird aus der langen Nummer 621943 schnell ein leichter zu merkendes 62-19-43 bzw. 621-943.

Oder versuchen Sie, in langen Zifferreihen oder Telefonnummern ein mathematisches Schema zu entdecken. So wird z.B. die Nummer 47 28 256 zu 4 x 7 = 28 x 2 = 56. Manchmal finden sich auch einfache Zahlenkombinationen wieder wie auf- oder absteigende Zahlenreihen. Andere Nummern enthalten Spiegelungen, z.B. die Zahlenreihe 836 638. Zahlen kann man sich auch anhand von Symbolen merken. Dazu werden Bilder gewählt, die von der Form her an die jeweilige Zahl erinnern. 2 = Schwan, 5 = Hand, 4 = vierblättriges Kleeblatt usw.

- Sollten Sie zu den Menschen gehören, denen es schwer fällt sich Termine zu merken, verwenden Sie in Zukunft Zahlenbilder, wie im vorhergehenden Absatz beschrieben. Setzen Sie dabei die Zahlenbilder für die vollen Stunden ein.

- Wenn Ihnen nachts im Bett noch etwas Wichtiges für den nächsten Tag einfällt, sollten Sie ein Buch auf den Boden legen oder Ihren Hausschuh verkehrt herum drehen. Wenn Sie am Morgen darüber stolpern, wird Ihnen wieder einfallen, worüber Sie in der Nacht nachgedacht haben.

- Wenn Sie befürchten, etwas Wichtiges wie einen Termin oder eine Besorgung zu vergessen, schreiben Sie es auf einen Notizzettel und kleben Sie diesen an eine Stelle, an der Sie morgens garantiert vorbeikommen: an den Badezimmerspiegel, die Wohnungstür oder an die Kaffeemaschine.

- Damit Sie beim Verlassen der Wohnung wichtige Dokumente oder Bücher nicht vergessen, legen Sie sich einen Gegenstand auf Ihre Tasche oder Jacke, der Sie daran erinnert, die betreffenden Unterlagen mitzunehmen. Oft reicht für diesen Zweck sogar schon eine einfache Büroklammer.

- Um Texte besser zu behalten, können Sie drei Lerntechniken miteinander kombinieren:
  - Wiederholen
  - Auf das Wesentliche reduzieren
  - Assoziieren

Schrittweise gestaltet sich das folgendermaßen:
- Lesen Sie den Text zweimal durch. Das erste Mal überfliegen Sie ihn nur, beim zweiten Mal lesen Sie ihn aufmerksamer durch.
- Versuchen Sie nach dem zweiten Lesen, die einzelnen Hauptargumente des Textes zu erfassen und diese auf einem Blatt Papier so knapp wie möglich zu formulieren.
- Stellen Sie sich diese Begriffe jetzt bildlich vor und verbinden Sie diese in der Reihenfolge, wie sie auch im Text vorkommen.
- Markieren Sie sich die Kernaussagen des Originaltextes zusätzlich mit einem Highlighter oder machen Sie sich eine Randnotiz.

Eine freie Rede will gelernt sein und vergessen sollte auch nichts werden. Damit es keine Erinnerungslücken gibt, hier einige Tipps:
- Notieren Sie alle wichtigen Aussagen, Ideen und Zitate zu Ihrem Vortrag.
- Bringen Sie Ihre Gedanken in Form einer kurzen Gliederung zu Papier.
- Zu jedem Punkt der Gliederung notieren Sie sich einige Stichworte auf Karteikarten (maximal zehn Karten).
- Bei der Aufzählung von Fakten können Sie auf eine der weiter oben genannten Assoziationsmethoden zurückgreifen.
- Lernen Sie die ersten Sätze und den Schluss Ihres Vortrags auswendig.

7.4. Entspannung: Zeit für die Gesellschaft

Sie haben jetzt eigentlich eine Menge Zeit: Durch verbessertes Zeitmanagement sowie Entspannungsübungen können Sie Ihre Freizeit nun aktiv gestalten. Partnerschaft, Familie und Freunde sind integriert, tun Sie dies auch mit Ihrer Umwelt. Ohne Ehrenamt würde vieles in dieser Gesellschaft nicht funktionieren. Ob Freiwillige Feuerwehr, der Sportverein oder die Kirchengemeinde – ohne die unentgeltliche Mitarbeit engagierter Bürger müssten zahlreiche Angebote entfallen. Niemand verlangt von Ihnen, drei Abende die Woche Gutes zu tun. Aber alle zwei Wochen einen Abend für ein soziales Engagement freizumachen, das gibt mit neuem Zeitmanagement auch Ihr Zeitplan her.

Und was soll das bringen? fragen Sie jetzt wahrscheinlich. Mehr als Sie glauben. Neben der tiefen Befriedigung, die fast alle ehrenamtlich Aktiven empfinden, knüpfen Sie neue Kontakte, erfahren Anerkennung und Dank. Eine aktuelle Studie der GfK AG hat ergeben, dass sich allein im zweiten Halbjahr 2004 rund 27 Millionen Deutsche in irgendeiner Form ehrenamtlich engagiert haben. Im Idealfall verknüpfen Sie Ihre ehrenamtliche Tätigkeit mit einem Ihrer Hobbys. Das könnte beispielsweise eine Tätigkeit im Tennisverein sein, in dem Sie auch aktiv spielen.

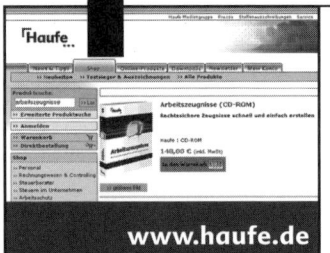